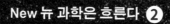

希臘羅馬到印度、伊斯蘭，奠定科學基礎知識

漫畫STEAM 科學史❷

中小學生必讀科普讀物
新課綱最佳延伸閱讀教材

鄭慧溶 Jung Hae-yong —— 著

辛泳希 Shin Young-hee —— 繪

鄭家華 —— 譯

【漫畫STEAM科學史2】
希臘羅馬到印度、伊斯蘭，奠定科學基礎知識
（中小學生必讀科普讀物・新課綱最佳延伸閱讀教材）

作　　者：鄭慧溶（Jung Hae-yong）
繪　　者：辛泳希（Shin Young-hee）
譯　　者：鄭家華
總 編 輯：張瑩瑩
主　　編：鄭淑慧
責任編輯：謝怡文
校　　對：魏秋綢
封面設計：彭子馨（lammypeng@gmail.com）
內文排版：菩薩蠻數位文化有限公司
出　　版：小樹文化股份有限公司
發　　行：遠足文化事業股份有限公司(讀書共和國出版集團)
　　　　　地址：231新北市新店區民權路108-2號9樓
　　　　　電話：(02) 2218-1417 傳真：(02) 8667-1065
　　　　　客服專線：0800-221029
　　　　　電子信箱：service@bookrep.com.tw
　　　　　郵撥帳號：19504465遠足文化事業股份有限公司
　　　　　團體訂購另有優惠，請洽業務部：(02) 2218-1417分機1124

法律顧問：華洋法律事務所 蘇文生律師
出版日期：2016年3月15日初版首刷
　　　　　2019年5月2日二版首刷
　　　　　2024年1月25日二版8刷

國家圖書館出版品預行編目(CIP)資料

（漫畫STEAM科學史2）希臘羅馬到印度、伊斯蘭，奠定科學
基礎知識 / 鄭慧溶著 ; 辛泳希繪 ; 鄭家瑾 譯 – 二版. -- 臺北市：
小樹文化出版：遠足文化發行, 2019.05　面；　公分. --

譯自：New 뉴 과학은 흐른다 2
ISBN 978-957-0487-07-7(平裝)
1.科學 2.歷史 3.漫畫

309　　　　　　　　　　　　　　　　108004240

* 初版書名：《「漫」遊科學系列2：古文明大探索》

【漫畫STEAM科學史2】
希臘羅馬到印度、伊斯蘭，
奠定科學基礎知識

線上讀者回函專用QR CODE
您的寶貴意見，將是我們進步的最大動力。

讓我們從歷史演變了解科學脈動，
從生活小事理解龐大科學概念。

目錄

4 · 印度的科學發展：
沒有記錄的科學

5 · 伊斯蘭的科學發展：
東西方文明結合的地區

姓　　名：克里圖勞斯
生 卒 年：西元前200年左右
出 生 地：希臘
主要領域：哲學
著名思想：證明空氣有形狀、第一個談
　　　　　到物體落下時會加速的人。

姓　　名：歐幾里德
生 卒 年：西元前330？～前275？
出 生 地：亞歷山卓
主要領域：數學
著名思想：幾何原本、定義了點、線、
　　　　　面。

姓　　名：阿基米德
生 卒 年：西元前287？～前212？
出 生 地：敘拉古
主要領域：數學、物理學、工程學、天
　　　　　文學
著名思想：阿基米德浮力原理、槓桿原
　　　　　理、阿基米德式螺旋抽水機。

姓　　名：克特西比烏斯
生 卒 年：不詳
出 生 地：亞歷山大城
主要領域：物理學、工程學
著名思想：水時鐘、計程器。

姓　　　名：埃拉托斯特尼

生 卒 年：西元前273？～前192？

出 生 地：昔蘭尼

主 要 領 域：數學、地理學、哲學、文學

著 名 思 想：設計出經緯度系統、計算出
　　　　　　地球的周長。

姓　　　名：喜帕恰斯

生 卒 年：西元前160？～前125？

出 生 地：伊茲尼克

主 要 領 域：天文學

著 名 思 想：創立星等概念、提出地球繞
　　　　　　地軸轉動概念。

姓　　　名：赫洛菲洛斯

生 卒 年：西元前335～前280

出 生 地：迦克墩

主 要 領 域：醫學

著 名 思 想：區分動脈與靜脈、首次將水
　　　　　　時鐘運用於測量脈搏。

姓　　　名：維特魯威

生 卒 年：西元前1世紀左右

出 生 地：羅馬

主 要 領 域：建築、工程學

著 名 思 想：建築三原則。

姓　　　名：凱爾蘇斯

生 卒 年：西元前30？～西元45？

出 生 地：羅馬

主要領域：農業、美術、軍事技術、雄
　　　　　辯術、哲學、法律、醫學

著名思想：融合羅馬與希臘醫學。

姓　　　名：老普林尼

生 卒 年：西元23～79

出 生 地：羅馬

主要領域：博物學

著名思想：著有《博物誌》。

姓　　　名：盧克萊修

生 卒 年：西元前95？～前55？

出 生 地：羅馬

主要領域：形上學、倫理學

著名思想：將古代原子論整理成6卷、用
　　　　　原子解釋自然現象。

姓　　　名：阿格里帕

生 卒 年：西元前62～前12

出 生 地：羅馬

主要領域：政治、地理學

著名思想：以道路為中心，繪製巨型測
　　　　　量地圖。

姓　　名：梅拉

生 卒 年：西元1世紀左右

出 生 地：西班牙

主要領域：地理學

著名思想：著有《世界概述》、第一位發現黑海的人。

姓　　名：尼科馬庫斯

生 卒 年：西元50～150？

出 生 地：希臘

主要領域：哲學、數學

著名思想：著有《算術入門》。

姓　　名：戴奧弗多斯

生 卒 年：西元246？～330？

出 生 地：亞歷山大城

主要領域：數學

著名思想：著有《數論》、最早研究代數的人。

姓　　名：海龍

生 卒 年：西元前1世紀左右

出 生 地：亞歷山大城

主要領域：數學

著名思想：海龍公式、汽轉球。

姓　　　名：托勒密
生 卒 年：西元85？～165？
出 生 地：埃及
主要領域：數學、天文學、地理學
著名思想：研究光線折射、著有《天文學大成》。

姓　　　名：迪奧斯科里德斯
生 卒 年：西元1世紀左右
出 生 地：希臘
主要領域：醫學、藥理學
著名思想：著有《藥物論》。

姓　　　名：魯佛斯
生 卒 年：西元100年左右
出 生 地：以弗所
主要領域：醫學
著名思想：發現感覺神經與運動神經的差別、認為脈搏和心臟跳動由心臟收縮引起。

姓　　　名：蓋倫
生 卒 年：西元129～199
出 生 地：別迦摩
主要領域：醫學
著名思想：血液潮汐說、首創脈搏診斷。

姓　　名：阿耶波多

生 卒 年：西元476～550

出 生 地：印度

主要領域：數學、天文學

著名思想：提出地球自轉概念、計算出
　　　　　月球至太陽間的距離。

姓　　名：婆羅摩笈多

生 卒 年：西元598～665？

出 生 地：印度

主要領域：數學、天文學

著名思想：提出有關「0」的計算規則。

姓　　名：龍樹

生 卒 年：西元前1700年左右

出 生 地：印度

主要領域：鍊金術

著名思想：把植物汁液和礦石運用到鍊
　　　　　金術中。

姓　　名：阿耆多・翅舍欽婆羅

生 卒 年：西元前1400年左右

出 生 地：印度

主要領域：物理學

著名思想：提出「五大學說」。

姓　　　名：侯奈因‧伊本‧伊斯哈格

生 卒 年：西元807～877

出 生 地：麥地那

主要領域：翻譯

著名思想：將希臘科學翻譯成阿拉伯
　　　　　語、引進伊斯蘭地區。

姓　　　名：塔比‧伊本‧庫拉

生 卒 年：西元836～901

出 生 地：哈蘭

主要領域：翻譯、數學、物理學

著名思想：希臘科學書籍翻譯、研究拋
　　　　　物線和旋轉拋物線面積。

姓　　　名：拉齊

生 卒 年：西元865～923？

出 生 地：雷伊

主要領域：醫學、化學、哲學

著名思想：提倡理性主義，為醫藥化學
　　　　　先驅。

姓　　　名：伊本‧海賽姆

生 卒 年：西元965～1039

出 生 地：巴斯拉

主要領域：物理學、數學

著名思想：首次用光學解釋人的視覺、
　　　　　眼睛解剖學研究、反射現
　　　　　象。

姓　　　名：扎比爾‧伊本‧海揚
生 卒 年：西元721？～815？
出 生 地：波斯
主要領域：鍊金術
著名思想：金屬基本由硫磺和水銀結合。

姓　　　名：比魯尼
生 卒 年：西元973～1048
出 生 地：波斯
主要領域：地理學
著名思想：著有《印度遊記》。

姓　　　名：花剌子密
生 卒 年：西元780～850
出 生 地：波斯
主要領域：數學、天文學、地理學
著名思想：普及阿拉伯數字、著有《代
　　　　　數學》。

姓　　　名：阿爾布馬薩
生 卒 年：西元？～886
出 生 地：巴爾赫
主要領域：占星術
著名思想：認為世界由九個天界構成。

1

希臘化時期的科學發展
知識集結的殿堂

希臘化文化背景故事

希臘化文化融合了當時的本地文化與東方文化。

亞歷山大大帝從埃及出發，遠征波斯灣、中亞，形成了希臘化文化。

亞歷山大大帝死後，帝國四分五裂。

隨著亞歷山大大帝的領土擴張，融合的文化產生新的變化。

和東方的貿易往來日益增多，製造業也有所發展。

工商業不斷發展，貧富差距也越來越大。

國家直接管理工商業。

工商業發展了，就可以獲得更多稅收。

出現了大城市。

亞歷山大城的人口從50萬增加到100萬！

有公園、博物館和整齊的道路，圖書館有藏書70萬卷。

古希臘語消失了，許多國家使用的是通用希臘語。

希臘語！

哲學成為擺脫痛苦的途徑，發展為個人主義。

這也難怪，因為生活實在是太累了。

向個人主義發展……

受到東方的影響，信仰陷入了神祕主義。

可以保證來世！

很吸引人呀……

希臘的民主主義轉變為王權專制。

輝煌的日子一去不復返了，嗚嗚～

真煩！見過亞歷山大大帝嗎？他很了不起！

民主主義

強有力的帝王

這種學術氛圍造就了17世紀前，科學史上最燦爛的時期。

世界變得寬闊了。

無法用理論解釋的事也越來越多了！

這沒有什麼……

其中一個原因是，有許多像亞歷山大大帝的國王支持科學發展。

科學是國力的基石，要打好基礎。

美索不達米亞、埃及與希臘科學互相融合，刺激了科學發展。

啊！好大的刺激呀！

東方文明

在這種潮流下，亞歷山大城出現了技術人員培訓所。

就是培訓技術人員的地方。

出現了新型技術人員。

不再像以前那樣盲目動手，而是運用理論、利用技術。

希臘化文化從西元前300年左右持續到基督教時代初期，羅馬帝國成立後也沒有馬上滅亡。

希臘文化圈

希臘化文化
引領學問之花盛開的繆斯學院

現在開始，綜合介紹各種知識！

亞歷山大大帝以武力征服，帝國暫時得以統一。

不斷擴張，所向披靡。

小亞細亞
亞細亞
北非
阿拉伯半島

由於是武力統一，

仗著力量大！

好擠呀！

哎呀，別推了！

在裡面無法和睦相處。

年紀輕輕的亞歷山大大帝去世後，

咕嘟！

帝國馬上分裂成三個國家。

這邊是我的！

馬其頓

安提柯

埃及

托勒密一世

巴比倫

塞琉古

這邊是我的！

不要越界！

其中，最引人注目的是托勒密一世在埃及建立的王朝。

他修建了以亞歷山大大帝名字命名的亞歷山大城。

為了顯示自己才是亞歷山大大帝的繼承人。

亞歷山大城

紅海

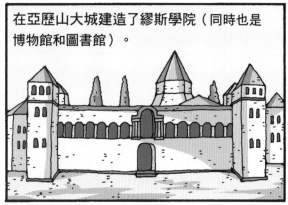

在亞歷山大城建造了繆斯學院（同時也是博物館和圖書館）。

繆斯學院是一個學問研究機構。

繆斯學院的名稱是來自掌管人類智慧的繆斯女神。

國王出重金培訓各地的研究人員。

輕輕踩上去，一直向前走。

研究人員有三項任務：

首先，將知識保存下來，集中收藏古希臘書籍，

並引進東方書籍，使東方文化和希臘文化得以交流。

其次，是擴展知識。

召集100名有實力的學者。

蜂擁而至～

在良好的環境和設施裡，專心研究學問。

有天文觀測站、解剖室、植物園、動物園，可以做自己喜歡的研究工作。

不能像以前那樣偷懶了。

研究人員可以免費用餐，也不用納稅……

今天的午餐真好吃，是吧？

第三項任務就是派學者到各地去傳播知識。

要到很多地方傳播新知識。哇，好累呀！

我不是說要少帶一點嘛！

在這種良好的條件下，科學得以迅速發展。

還需要什麼？

只注重理論的古希臘學問，再也沒有立足之地。

現在，那樣的做法行不通了！

希臘理論

時代不同了！

學者在這種自由環境下，努力證明自己的觀點。

現在的流行語是「證明一下」。

真的是這樣？證明一下！

繆斯學院很快發展成為國際研究機構，學者紛紛用不同的方式與學院聯繫。

繆斯學院

克里圖勞斯是其中最出名的學者。

克里圖勞斯
(西元前200年左右)

他對繆斯學院的科學研究氛圍影響很大。

科學　科學　科學　科學

他的老師是泰奧弗拉斯托斯，是萊錫姆學院第二任院長。

我可是萊錫姆學院的第三任院長喲。

他重視實踐，綜合了亞里斯多德和德謨克利特的理論。

有真空！

……

沒有真空！

在物體內部有真空。

但在外部自然狀態下不存在。

混合鍋

他用實驗證明了空氣是有形狀的。

看！

往一個長布袋裡吹氣，與外面空氣隔絕，這不就出現形狀了嗎？

他是第一個談到「物體落下時會加速」的人。

重的物體落下時速度很快。

時間越長，速度會越快。

他改進了亞里斯多德關於空氣振動傳導聲音的理論。

如果沒有空氣就不會傳導，

就像用手攪動水就會產生向外擴散的波紋。

他認為聲音的原理是波動。

波動啊，我真是個天才！

克里圖勞斯認真的進行實驗，不僅傳承希臘科學，也形成希臘化文化的特色。

希臘化文化

希臘文化

另一個重要的學者是歐幾里德，他整理了希臘幾何學，是繆斯學院卓越的學者。

名字這樣寫 Euclid。

歐幾里德
(西元前330？〜前275？)

大家不太清楚他的身世。

但是我寫的書卻留傳了下來，真是幸運。

據推測，他是柏拉圖學派中，研究希臘數學的學者。

我可是柏拉圖的崇拜者喲！

喜歡抽象的事物……

他寫的書涉及七個領域。

光學、音樂領域的書和柏拉圖寫的沒什麼區別。

值得一看的書是這本《幾何原本》。

幾何原本

《幾何原本》非常有名，一直到19世紀都是數學的基礎課本。

你在學幾何學呀？

對，是歐幾里德的書。

這本書共13卷，整理了希臘時期的幾何學。

畢達哥拉斯定理。

歐幾里德的比例法、分割求積方法……

歐幾里德不熱中發現新的數學問題，

有沒有漏掉什麼？

而是擅長整理資料和理論。

這樣才對。

這個該堆在這邊……

他定義了點、線、面，

首先要打好基礎！

並證明了它們的基本原理。

用針試了一下，果然沒有漏洞。

這對往後的數學發展產生了很大的影響。

邏輯 邏輯 數學

從他與托勒密一世國王的對話，可以看出歐幾里德對待幾何學的態度。

唉，好累呀！

所以呢，這個三角形的頂點就……

喂，有沒有可以快速掌握幾何學的方法？

我可是很忙的……

在這個國家有兩種路，一種是百姓走的崎嶇路，

另一種是貴族走的平坦大路。

嗯，對，接下來呢？

該不會有好辦法吧，嘻嘻！

陛下，您可以走平坦的路，但在幾何學方面，卻沒有這樣的路。

哎呀，幹嘛拐彎抹角呢！

繆斯學院時代，還誕生了另一位幾何學大師阿波羅尼斯。

阿波羅尼斯
（西元前262？
～前190？）

和歐幾里德一樣，沒有人知道他的身世。

我一直忙於計算數字，

哪有時間關心出生年份呀！

他和歐幾里德一樣，先替幾何術語下了定義並加以證明。

呀，真好玩！我也要！

邏輯

邏輯

他研究了橢圓、拋物線、雙曲線，這些都是歐幾里德從未涉及的。

這三種曲線是在斜切圓錐曲線時得到的。

圓錐曲線理論在當時並未引起重視，但在17世紀以後卻得到廣泛應用。

天體運行軌道不是圓的，而是橢圓形的。

除了圓錐曲線，他還研究了更加複雜的曲線「本輪」（即周轉圓）。

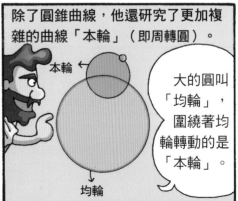

本輪 ←

大的圓叫「均輪」，圍繞著均輪轉動的是「本輪」。

均輪

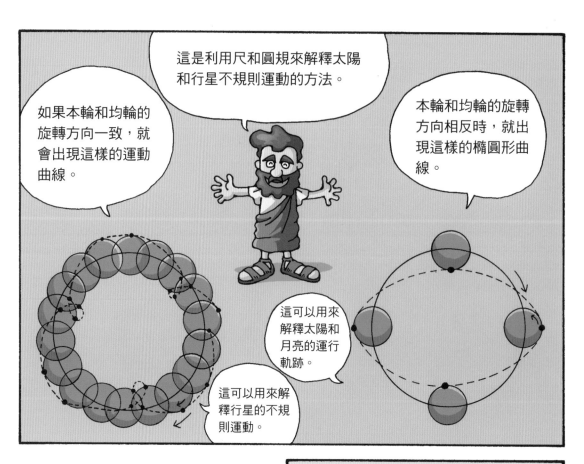

這是利用尺和圓規來解釋太陽和行星不規則運動的方法。

如果本輪和均輪的旋轉方向一致，就會出現這樣的運動曲線。

本輪和均輪的旋轉方向相反時，就出現這樣的橢圓形曲線。

這可以用來解釋太陽和月亮的運行軌跡。

這可以用來解釋行星的不規則運動。

歐幾里德之後，另一位著名學者是阿基米德。

阿基米德王冠的故事很有名。

阿基米德
(西元前287？～前212？)

停！現在由我來講。

有一天，國王海維隆二世突然召見，我匆忙的跑到王宮。

看到國王正對著王冠沉思。

國王陛下，找我有什麼事情嗎？

噢，阿基米德，你來得正好。

我做了一個王冠。

那又怎麼樣？是想向我炫耀嗎？

不是這樣……事實上，我命令工匠做一個王冠，並給了他這麼大一塊金子。後來我聽人說，這個王冠不是純金的，裡面摻了銀。

這麼大的金塊？秤一下王冠的重量不就知道了嗎？

重量是相同的。

把王冠熔化了就知道了。

可是……這個王冠做得太漂亮了，我不想破壞它，只想知道用了多少金子……這樣很難嗎？

嗯～

不損壞王冠就能測量出金子重量的方法嘛……

嗯～

嗯～

嗯～

於是我開始思考。

嗯～

嗯～

吃飯時想。

洗澡時也在想。

嗯～

嗯～

咦？水放太多了……

溢出來了。

停！溢出來了……

對了，就是這樣！

我發現了！我發現了！

我馬上跑到國王那裡，告訴他怎樣檢驗王冠裡是否摻了銀。

快！拿個水盆，再拿一塊和王冠一樣重的金子。

這些行嗎？

為什麼這麼急呀？

連衣服都不穿……

在水盆裡裝滿水，把王冠放進去，

溢出這麼多水，對吧？

看，這是放進王冠後溢出來的水。

拿好了！

這次，把與王冠重量相同的金塊放進同樣裝滿水的水盆裡，

溢出了這麼多的水。

比較兩次的結果，

啊？王冠溢出的水比較多？

這樣，我們就可以證明王冠裡摻有別的東西。

這是怎麼回事？重量相同，溢出的水量卻不一樣？是法術吧？

這是「浮力」原理。

是我在洗澡時，一閃而過的想法。

說具體一些，快！

是，陛下。把物體放進水裡，不是浮在上面就是沉到水底，對吧？

對。

下沉　　漂浮

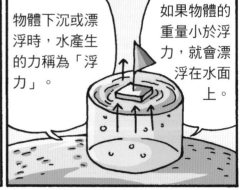

物體下沉或漂浮時，水產生的力稱為「浮力」。

如果物體的重量小於浮力，就會漂浮在水面上。

28

物體的重量大於浮力，水就會溢出來。

可以算出浮力和溢出的水量成正比。

知道我是怎樣解決了吧？重量相同，但是浮力不同就說明裡面有雜質。

噢，這樣呀。

唉，多麼漂亮的王冠呀……

謝謝陛下，讓我又發現一個理論——阿基米德浮力原理！

輕鬆解決！

阿基米德除了在亞歷山大城治學，大多待在故鄉敘拉古，有關他的故事很多。

還有一個有趣的故事。

有一次，我向國王解釋槓桿原理……

噢！槓桿有這麼厲害？

是的，不管多重的物體都舉得起來。

如果陛下能在宇宙中找個支撐點，我可以撬起整個地球。

你是不是在吹牛？

不是吹牛。我證明給您看。

又來了。怎麼證明？

我一個人就可以把海上的船拉回岸邊！

真的？試給我看啊！

激怒阿基米德真有趣……

看，怎麼樣？

你在做什麼！

……

你是怎麼做到的？快教我。

不知道！

別這樣嘛。我們的交情那麼好。

我用的是滑輪組。

滑輪？

利用滑輪可以拉起很重的物體。

再說明一下槓桿的原理，

如果物體越重，就把支點架離物體越近，

在槓桿的遠端施力。重量與距離成反比。

快點教我呀！

他利用數學進行了實用性研究。

這是對力量的研究，就稱為「力學」吧。

槓桿、滑輪、輪......

他製造了許多機械，其中就有埃及至今仍在使用「阿基米德式螺旋」抽水機。

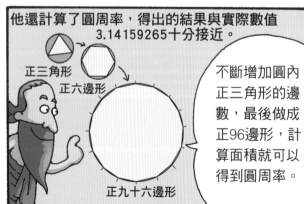

他還計算了圓周率，得出的結果與實際數值3.14159265十分接近。

正三角形

正六邊形

正九十六邊形

不斷增加圓內正三角形的邊數，最後做成正96邊形，計算面積就可以得到圓周率。

我得到的是3.14285714，

夠精確吧？

在計算之前，他先直接測量。

這樣可以大概預估一下答案。

題目1

這個圓的直徑是多少？
解答：

求解前，用尺先量一下。

後來，阿基米德的故鄉捲入戰爭，他還發明了新武器。

這是一個大鏡子。

可以把太陽光聚集到敵船，引起大火。

著火了

他還發明了投石器和起重機。

都是些沒看過、沒聽過的武器……

最後，敘拉古還是戰敗了。

獲勝的羅馬軍團統帥馬克盧下令不許殺害阿基米德。

知道嗎？禮貌的把他請過來！

這個……有些不聽指揮的士兵去找他了。

你這個傢伙，離我的圖形遠一點！

要踩到了！

羅馬士兵殺死了正在沙盤上埋頭研究的阿基米德。

不要踩嘛！……

阿基米德的墓碑上刻著他最引以為豪的題目。

球體表面積是外接圓柱體面積的 $\frac{2}{3}$。

阿基米德

是不是連墓碑都很有研究風味？好了，再見了！

阿基米德進行了許多試驗，留下了很多故事。

哇！投石器的性能真好！

亞歷山大城的學者非常講究實用性。

不是每一天都可以見到的！快去看看！

當時亞歷山大城很多地方都使用了他們發明的機械。

多了這些頂尖的機械，真是方便。

最有名的是位於亞歷山大港入口處的亞歷山大燈塔。

這是建築師索斯特拉特在西元前280年建的。

塔高超過120公尺，堪稱希臘化時代技術和藝術的代表作。

這個燈塔最早用來監測火災，在西元5世紀以後成為燈塔。

後來，燈塔消失了。14世紀以後，人們依照硬幣上的圖形重新修建了燈塔。

西元前2世紀左右，在雅典建成的「風之塔」也使用了類似的機械裝置。

手好痠呀，能不能換一下班……

海神雕像所轉的方向表示風向。

在建築物外面還有日晷……

聽說整個建築是一個結構複雜的水時鐘。

而亞歷山大城實用主義的代表人物是克特西比烏斯。

唉，又失敗了！

克特西比烏斯
（生卒年不詳）

他在父親的理髮店裡安裝了可活動的鏡子。

孩子，我不需要鏡子，可以不裝嗎？

放心好了！

他發明了許多日常用具，甚至還有戰爭使用的武器。

他是理髮店老闆的兒子。

使用青銅彈簧的投石器！

最出名的發明是「水時鐘」，因為製作精美令人心馳神往。

水時鐘 ←

哇啊！

這是克特西比烏斯發明的水時鐘相關記錄，從這些資料，我們可以了解水時鐘的原理。

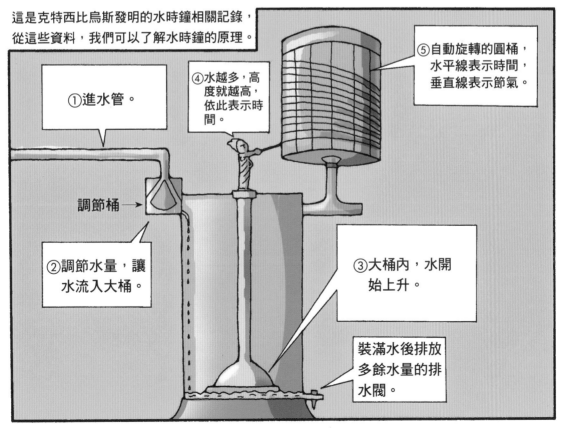

①進水管。

④水越多，高度就越高，依此表示時間。

⑤自動旋轉的圓桶，水平線表示時間，垂直線表示節氣。

調節桶 →

②調節水量，讓水流入大桶。

③大桶內，水開始上升。

裝滿水後排放多餘水量的排水閥。

水時鐘最重要的關鍵是調節水流量的裝置，

相較於只能在白天使用的日晷，水時鐘不受太陽限制。

糟了，不能蹺課了。

還有引水的幫浦……

喂！

喂！

跑到哪裡去了？

請問你是誰？

聽說你發明了「計程器」，是真的嗎？

哦，就是這個。車輪每轉一圈，就有一顆石頭掉到容器裡。

嗯，和我發明的計程器原理真的很類似……

好小子！真的很討人喜歡。

謝謝。可是……你哪位呀？

噢，差點忘了自我介紹。我叫海龍（也譯為希羅）。

我比你晚出生300年。因為特別想見到你，就先來了。

哦，是這樣啊。

海龍
（西元前1世紀左右）

我還發明了許多活動木偶。想看嗎？

好呀。

不看或許比較好……

這是用機械來操縱的小型劇院，用一根軸操縱出場的人物。

用裝有玉米粒的碗來維持平衡，在碗裡增加或減少玉米粒，就可以動起來。

亞歷克劇院

還有，這個是聖殿模型，點燃蠟燭，門就會打開。

這個是會自動響的喇叭……

這個是魔術缸。

哇～

咦？

大叔，你是賣玩具的吧？

不對，他是魔術師。對吧？

呼咻～

你們這些小混蛋！滾一邊去！

別生氣

嗚嗚……

哼！我看起來像做玩具的人嗎？氣死我了！

小孩子說的話，別放在心上。

如果你用機械力學和光學理論來解釋，人們會明白嗎？

所以，這些只能被人們理解成玩具，卻無法證明它的理論。

對呀。這就是亞歷山大機械學派的傳統嘛。

來，擦一下。

你做了很多實用的東西。有沒有製造軍事裝備？

有，這待會再說。

有個人有詳細的軍用發射器資料。帶你去看一下。

是你的朋友嗎？

不是，他比你晚約50年出生，名叫菲隆（也譯為斐洛、菲倫）。

菲隆？海龍？很容易弄混的。

喂！菲隆，來一下！

為什麼叫我？

怎麼長得也這麼像？

他跟你一樣學習機械學，對我影響很大。

你好。

菲隆
（西元前2世紀左右）

這是發射箭矢的裝置。

可以毫不費力的發射出去。

這是可以連續發射的裝置，類似後來的機關槍。

把這個彎柄轉一圈，就會裝填一支新的箭。

和我做出來的成品真的很相似。

真了不起！

能這樣相逢，很不容易……

是嗎？那麼我們來組個機械學派同窗會如何？

我也是嗎？

當然呀。那麼，我們就在此告別吧。

又想走了？你們記住了，我的製造可是一項很了不起的發明！

我？

我會再來的，最好記住我！

知道了，趕快走吧。

我呢？

埃拉托斯特尼是數學家和地理學家，出生於昔蘭尼。

唉，怎麼這麼吵？

……

埃拉托斯特尼
（西元前273？～前192？）

他在柏拉圖的學校和萊錫姆學院學習，在西元前244年左右，成為繆斯學院圖書館館長。

要做個真正的學者，就必須像其他學者一樣廣泛涉獵。

除了科學，我還寫了哲學和文學方面的書。

哲學

文學

身為數學家，他解答了如何將正六面體面積增加一倍的題目。

向外硬拉不就可以了嗎？

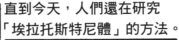

直到今天，人們還在研究「埃拉托斯特尼體」的方法。

查找質數，最簡單的方法。

啊

他在地理學方面的成就更為出名。

將數學知識運用在地理學上。

為了繪製世界地圖，首先要進行測量……

★質數：在大於1的自然數中，除了1和該數本身，無法被其他自然數整除的數。

將人類居住的地方移到平面上，先定出基準線，才能正確標注位置。

這條基準線是從直布羅陀海峽向東畫平行線。

嘶……

以這條基準線為中心，把旅行獲得的資料標注在上面。

後來發展為經度和緯度。

不要在我家屋頂上畫線！

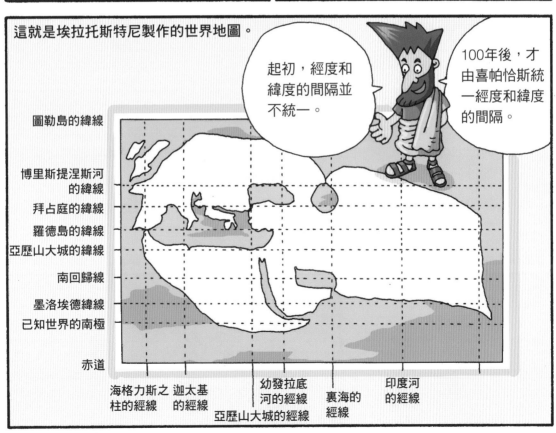

這就是埃拉托斯特尼製作的世界地圖。

起初，經度和緯度的間隔並不統一。

100年後，才由喜帕恰斯統一經度和緯度的間隔。

圖勒島的緯線

博里斯提涅斯河的緯線

拜占庭的緯線

羅德島的緯線

亞歷山大城的緯線

南回歸線

墨洛埃德緯線

已知世界的南極

赤道

海格力斯之柱的經線

迦太基的經線

亞歷山大城的經線

幼發拉底河的經線

裏海的經線

印度河的經線

他最出名的一件事，是測量地球的周長。

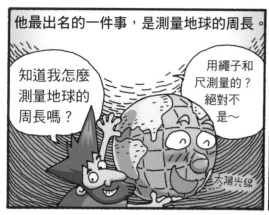

知道我怎麼測量地球的周長嗎？

用繩子和尺測量的？絕對不是～

我是偶然間得到啟發的。

夏至那天，塞恩的水井正對著太陽，不會出現影子。

你怎麼什麼都知道。

了解這一點後，我靈機一動。

如果沒有影子，說明太陽是在正上方。

亞歷山大城

塞恩

地球是圓的，太陽光是斜照到地球上的，畫出來是這個樣子……

這時，亞歷山大城的日晷有短影子。這是由於太陽不是在正上方，而是稍有傾斜造成的。

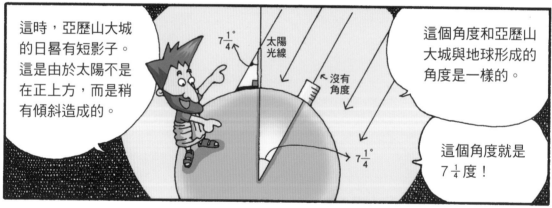

$7\frac{1}{4}^\circ$

太陽光線

沒有角度

$7\frac{1}{4}^\circ$

這個角度和亞歷山大城與地球形成的角度是一樣的。

這個角度就是 $7\frac{1}{4}$ 度！

我找了一個步伐穩定的人從亞歷山大城走到塞恩，測出了距離。

呼呼，是5000希臘里★。

如果 $7\frac{1}{4}$ 度是5000希臘里的話，地球是個圓，有360度。

現在只要計算一下就可以了。
$7\frac{1}{4} : 360 = 5000 : X$

X≒250000希臘里，也就是說，地球的圓周大約是25萬希臘里。

★希臘里（stadia）是希臘的距離單位，約等於1.6公里。

這個數值換算成今天的單位就是39690公里，而現在測得的地球圓周是39941公里，他計算出的結果相當精確。

好害羞

還在埋頭計算的傢伙！

數學和地球科學結合產生了坐標的概念。

當我與地球科學相遇時……

如果我碰到天文學會怎麼樣呢？

數學

數學

數學和天文學結合，形成觀測天文學的基礎。這是阿里斯塔克斯的發現。

天文幾何學！

阿里斯塔克斯
（西元前310？
～前230？）

為了測量太陽和月亮的大小與它們之間的距離，阿里斯塔克斯運用了幾何學理論。

太陽離得那麼遠，怎麼測量距離？

月亮可以反射太陽光，你知道吧？

如果出現半個月亮的話，說明太陽和月亮在同一條線上。

要動腦子！動腦子！

月亮

87°

觀測太陽的角度，哦，是87度。

現在，如果想要知道地球到月亮有多遠，可以利用地球到太陽的距離，用三角法來計算。

得出的結果是：太陽到地球的距離是月亮到地球距離的18～20倍。

18～20

但是，由於觀測結果錯誤，未能得出正確的結論。

事實上是89.50度，老兄！

87°

89°50″

才差2.50度嘛。

雖然差異小，但在遼闊的空間中仍會產生很大的差異。

實際上，太陽到地球的距離是月亮到地球距離的400倍。

除了計算距離，阿里斯塔克斯還計算了太陽和月亮的體積。

把觀測到的直徑換算成距離，

得出地球的體積比月亮大17～31倍。

這個結論……

事實上，地球體積是月亮體積的49倍。

雖然未能得出精確結果，但是在天文學中運用了數學，依然是很有意義的成就。

你說太陽的體積是月亮的5832倍，但是實際上……

我知道錯了，你還是別講話吧！

太陽比月亮大1億660……

他摒棄了地球是宇宙中心的說法，認為太陽才是宇宙的中心。

地球

他是最早提出日心說的天文學家。

對！宇宙的中心是太陽。

呵呵

他相信，地球以軸為中心每天自轉。

但不認為地球繞著太陽轉。

他的理論和實際觀測的結果好像並不相符。

……

等一下，如果地球在轉動，那麼星星豈不是也要轉動？

他無法觀測到星星的運行。

……

……

……

星星不是固定的，而是由於星星太小，根本看不出變化。

辨別天體變化非常困難，由於天體很小，需要精確的觀測技術。

直到1830年代，人類才實現了這個目標。

但是，由於他的理論並不適用於行星運動，人們幾乎將他遺忘，直到哥白尼出現才被人想起。

嗯～是不是可以說我是一個太早出生的天才？

他在說什麼呀？

不知道，別管他！

在阿里斯塔克斯之後，喜帕恰斯被譽為觀測天文學大師。

啊，真睏啊，每晚都不能睡……

喜帕恰斯
(西元前160？
～前125？)

雖然他的著作沒有保留下來，但是，托勒密在著作中提到他，而且認為他是非常重要的人物。

我終於出場了。

托勒密

他在巴比倫收集了許多天文資料，並以此為研究基礎。

呵呵

他在羅德島上建了觀測站，利用許多裝置來觀測星星。

一共觀察到1080顆星星，點完名，天都亮了。

他標明了星星的經度和緯度，製作了恆星表，後來被廣泛使用。

今天又發現了一顆星星，嘿嘿。

後來，羅馬使用的恆星表中有1022顆星星，其中850顆是他發現的。

了不起吧？

他將星星按照亮度分類，現在仍然沿用此方法。

所以說……

哎喲，真的是那樣？

肉眼勉強能夠看到的星星是六等星！

最亮的是一等星！

那邊的一等星們，安靜點！

喜帕恰斯支持地心說（天動說）和周轉圓說。

無論如何，首先要分析觀測資料。

能夠合理解釋觀測資料結果的說法是天動說。

他從不做大約的測量。

用尺和圓規不行嗎？

像阿里斯塔克斯那樣的做法，我是不接受的。

這種態度導致希臘天文學走向精密科學。

帶我們去哪裡呀？

精密科學

他最重要的一項成就是提出「地球繞地軸轉動」。

這裡是春分點

當白天和黑夜一樣長時，天空中，太陽通過的點是「春分點」。

白天　夜晚

他最終證實了春分點每年都會稍微移動的事實。

今年的春分點　　去年的春分點

變化非常微小（一年移動50.3度），由東向西移動。

和過去記錄對照也一樣。

這是由於地球地軸傾斜，並受到月亮和太陽引力而產生的現象。

赤道部分是鼓起來的，並不是正球形。鼓起的部分受到引力會有些搖擺。

雖然不知道地球繞地軸轉動的正確周期（一周期26000年），

但他卻發現「恆星年」和「回歸年」不一樣長。

恆星年是地球圍繞太陽旋轉一周的時間。

回歸年是太陽從春分點出發再回到春分點所用的時間。

就像剛才所說的，每一年的春分時間都不同。

交叉點略向後移了一些……

回歸年

恆星年比回歸年稍微長一些。

恆星年

那個小孩怎麼跑得這麼快？

在這個基礎上，他精確計算出一年有365天5小時49分。

根據今年春分到隔年春分的時間。

他還測定了從春分到夏至、從夏至到秋分的時間。

夏至

94.5天

92.5天

春分點

秋分點

嗯

他發現太陽187天在赤道北邊，178天在赤道南邊。

你怎麼變得這麼瘦？

我也不太清楚。最近總覺得有人在監視我。

在測量太陽和月亮的距離和大小時，他的方法比阿里斯塔克斯先進。

沒有資料我是不會進行研究的。

譬如，有一次發生日蝕，

喜帕恰斯派人觀察同一子午線上的亞歷山大城和赫勒斯滂的日蝕現象。

同一條子午線就是同一經線。

結果，他發現了兩個地方的日蝕是不同的。

赫勒斯滂

全都被月亮擋住了，完畢！

這邊被月亮擋住了80%，報告完畢！

亞歷山大城

由於已知月亮處於太陽和地球中間，他計算了兩個地方的距離。

唉，又要算地球的大小…

要是有計算機就好了。

月亮

他利用三角法推算出地球到月球的距離。

嗯，從地球到月球的距離大於地球半徑的59倍，

小於$67\frac{1}{3}$倍。

43

他持續不斷的研究太陽和月亮、日蝕和月蝕。

要到下次日蝕才能繼續研究，哎呀！

他計算出地球到太陽的距離是地球半徑的2500倍，地球到月球的距離是地球半徑的$60\frac{1}{2}$倍。

根據後來的測量結果，我所計算的地球到月亮距離，還是相當精確的，

地球到太陽的距離則比實際少了許多！近的才好計算，太陽太遠了。

喜帕恰斯的觀測天文學對當時的天文幾何學影響很大。

嗨！月亮很亮，我們去觀測吧。

我討厭月亮！

此外，還有一位詩人阿拉托斯，他雖不是天文學家，卻寫了天文學方面的書。

阿拉托斯
(西元前315？
～前240？)

他以歐多克索斯*的天文學研究為基礎，寫了寓言詩《物象》。

我的詩都是關於日常生活的，這首詩讓人們很容易了解天體。

如果我生活在現代，應該不會寫詩，而是出版漫畫。

詩中把許多星座弄混了，形式也不合邏輯。

是不是因為全都想寫的緣故？

★關於歐多克索斯的故事，請參考第一集172頁。

他將45個星座與神話做連結，語言十分優美。

熊媽媽、熊寶寶飛上天，化成了閃閃的星星……

有出場費嗎？

不知道！

小星星緊緊跟隨的，就是熊媽媽星座……

他的詩受到大眾和文學家的歡迎。

詩人阿拉托斯將大眾難以理解的天體知識融入詩中，對推廣天體知識有卓越的貢獻，特此頒獎表彰。

希臘化時代，亞歷山大博物館引以為傲的還有赫洛菲洛斯建立的醫科學校。

今天上解剖課。

赫洛菲洛斯
(西元前335～前280)

奇怪的是，當時的國王竟然允許進行人體解剖。

那時還沒有受到基督教的影響。

按照柏拉圖的說法，人的肉體不太重要。

他將這一點充分運用到了醫學研究上。

我可是正式解剖人體的第一人喲。

也遇上了好時機……

好可怕！

他把人體組織和動物比對，還首創許多解剖器具。

其中，我最感興趣的是腦和神經的關係。

他從腦部開始追蹤神經，一直到脊椎。

現在目標正向下移動，報告完畢！

他揭示了腦是神經系統的中樞。

過去人們都認為心臟是神經系統的中樞。

不.是那樣嗎？

他雖然區分了動脈和靜脈，

不就是血管嗎？

完全不同！作用不一樣，位置也不一樣！

少根筋的傢伙！

但是他無法解釋兩者差異，也沒有聯想到和心臟跳動的聲音有關。

動脈是用來運輸血液的，

靜脈是使脈搏跳動的。

靜脈

動脈

45

透過解剖，他發現了許多器官。因此，現今人體解剖學中依然沿用他所命名的名稱。

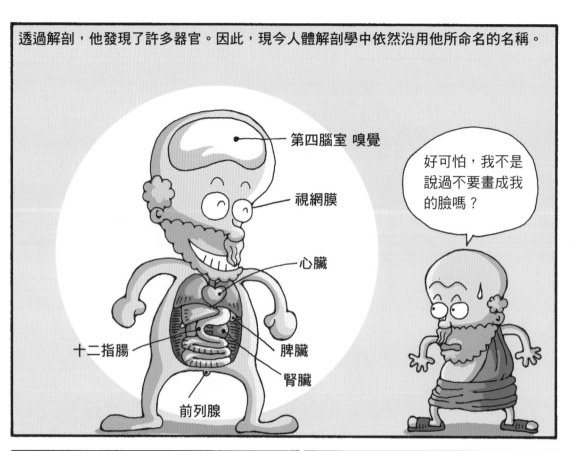

第四腦室 嗅覺

視網膜

心臟

十二指腸

脾臟

腎臟

前列腺

好可怕，我不是說過不要畫成我的臉嗎？

他意識到了脈搏的重要性，在量脈搏時首次使用了水時鐘。

那個水時鐘真好呀！

又亂動了，不要說話。

他還提到營養和體操有利於人體健康。

不論過去還是現在，對健康有益的東西都差不多。

遺憾的是他的成就未能好好留傳，還險些被遺忘。

直到17世紀，我的成就才再次被發現。

還有，選錯徒弟……

據說，他的徒弟對解剖和研究並不感興趣，還常常爭吵。

說 三 道 四

我說的才是對的！……

吵死了！

46

師傅，還有我，不要太傷心。

噢！埃拉西斯特拉圖斯！你來的正好！

這個小伙子和其他徒弟不一樣。

埃拉西斯特拉圖斯和赫洛菲洛斯是希臘化時代醫學界的傑出代表。

別這樣，和師傅齊名有點不好意思。

埃拉西斯特拉圖斯
（西元前310？～前250？）

儘管受到赫洛菲洛斯的影響，埃拉西斯特拉圖斯卻比較關注生理學。

生理學研究的是生物生長過程中的現象。

例如，吐血的症狀。

哈啾

咳嗽由什麼引起？

為什麼會長水泡？

為什麼會發燒？我主要是研究這些。

為了找出死亡的原因，他解剖過屍體。

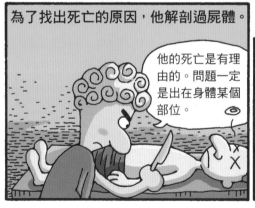

他的死亡是有理由的。問題一定是出在身體某個部位。

埃拉西斯特拉圖斯區分了大腦、小腦、脊椎的感覺神經和運動神經。

功能不一樣，當然應該分清楚。

啊！好冷！

呀，好熱！

哎喲

彎曲

伸展

感覺神經

運動神經

他推測感覺神經存在於腦內。

那是你的家，對吧？

你怎麼知道的……

他觀察到人腦比動物的腦更複雜。

人腦是不是更大、更複雜？

那當然了！人類頭腦特別靈活，不是嗎？

又在自以為是……

透過實驗，他發現了人體產生廢物的過程。

给他吃東西

好丢臉。

他又透過實驗，奠定了新陳代謝的研究基礎。

咀嚼食物的時候，喉頭是閉著的，水不會進到肺裡。

還有……消化是腸道的肌肉相互摩擦產生的現象……

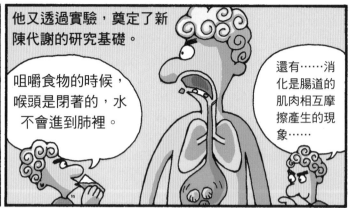

他認為人體是由神經、動脈和靜脈組成的。

三者缺一不可，否則人就無法生存。

在這三個通道內流動的液體，維持人體的需求。

動脈運輸的是生命元氣！

靜脈輸送的是血液！

神經運輸動物元氣！

這就是埃拉西斯特拉圖斯認知的生理學。

自然元氣和空氣一同進到肺。

生命元氣傳到人腦後，轉變成動物元氣，透過神經傳送到全身。

這三種液體在全身循環，注入器官後消失。

如果沒有全部消失，那就表示某個器官沒有得到力量，均衡遭到破壞，人就會生病。

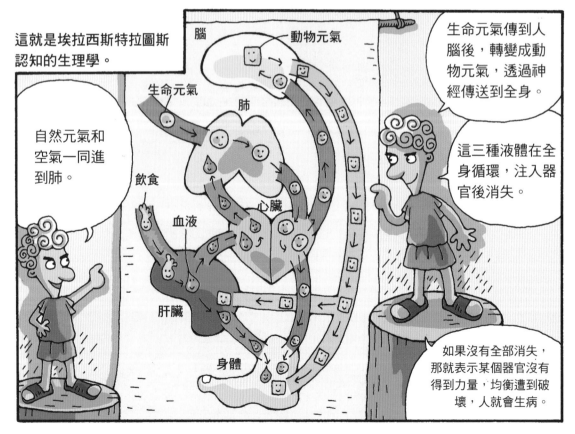

腦　動物元氣
生命元氣
肺
飲食
血液
心臟
肝臟
身體

赫洛菲洛斯和埃拉西斯特拉圖斯奠定了解剖學和生理學的基礎。

遺憾的是，亞歷山大圖書館的一場火災，讓許多資料從此失傳。

我快傷心死了。

別沮喪。師傅，我們還有事情沒做呢。

該做的事？對了，要對希臘化時代做個總結。

世界各地的知識和繆斯學院的實力造就了希臘化時代的科學發展。

這是學問之花盛開的時期。

除此之外，這個時代還首次出現各個學問間的合作。

學問

嗨喲 嗨喲

嗨喲 嗨喲

羅馬占領希臘後，亞歷山大城雖然曾經黯淡，但馬上又成為學問研究的中心。

這部分在羅馬時代還會再次介紹。

自從羅馬入侵以後，繆斯學院遭受過三次火災。第一次是西元前47年，凱撒大帝入侵希臘時。

第二次是西元391年，基督教信徒發生暴亂時。

怎麼會這樣？難道是投了火災保險了？

把異教徒的書全燒了！

哇哇 哇哇 哇 哇

【番外篇】繆斯學院的祕密

繆斯學院以藏書眾多聞名。

你見過這麼多的書嗎？

哇！這裡簡直就是天堂。

哼！對於書蟲來說吧！

哪來這麼多書呀？

這可是國家機密喲⋯⋯

法勒魯姆的德米特里★

★法勒魯姆的德米特里（西元前350～前280）雅典的演辯家、政治家、哲學家、作家。根據記載，繆斯學院的興建便是得益於他。

哎呀，只跟我說嘛？

好吧。其實是我好不容易收集的⋯⋯

作為繆斯學院的創建者，托勒密一世的野心很大。

把世界上的書都找來！

托勒密一世

不論遠近、不論貴賤，只要是書，就給我找來！

是！

又要去找書嗎？我剛從歐洲回來，這次又要去哪裡呢？

聽說亞洲有些好書，我要去那裡。明年見嘍！

不僅如此，托勒密一世還寫信給其他國王。

怎麼還是這樣的信！

您好，我有個小小的請求，請您把貴國的書全都打包寄給我，好嗎？

什麼時候才要停止，真是的。

還從其他城市的國家文書保管所借了不少書。

埃斯庫羅斯和索福克勒斯★的作品……這可是非常重要的。

哎呀，別擔心。我們會把書吃了嗎？用完馬上歸還。

這是我們雅典的寶物啊！

★埃斯庫羅斯以及索福克勒斯，都是古希臘劇作家，古希臘悲劇的代表人物之一，兩人和歐里庇得斯並稱古希臘三大悲劇詩人。

那這樣吧。我先給你15塔蘭同★作為保證金。

嗯！好吧。借給你吧。

你真的會歸還嗎？

當然不會啊！我會把原作留下，送手抄本回去。

比起保證金，原作更珍貴呢！

★15塔蘭同（talentum）約現在新台幣570萬元。

52

然而托勒密一世對此毫不滿足，命令搜索所有回到亞歷山大城的船隻。

亞歷山大城是港口城市。

別動！

把船裡的書全部拿出來！

太過分了！

哎呀，別擔心。又不是不還你了……我先拿去複寫一下，再把原作還給你。

這不是複寫本嗎！

當然了，原作在圖書館裡呢，給你複寫本就不錯啦。

把這些搶來的書單獨製作一份目錄。嘿嘿。

船書

真棒！

雖然有些強硬，但也盡可能的蒐集了世界上的書籍，成為藏書最多的圖書館。

這樣辛苦蒐集來的書籍，還請大家好好研究一下～

哇

書和知識也有如此興盛的時候。

2

古羅馬時期的科學發展
只追求「實用性」的科學

古羅馬背景故事

西元前8世紀左右，羅馬以義大利半島為主，形成了國家。

就是這裡

羅馬不斷發動遠征。

因為羅馬的天然資源匱乏、

糧食不足、

為了奴隸！

還有零食……

西元前1世紀左右羅馬控制了歐洲和希臘化地區。

怎麼樣？了不起吧？

裏海

黑海

底格里斯河

幼發拉底河

地中海

尼羅河

波斯灣

受到希臘化文化影響之前，羅馬除了軍事方面，知識和文化發展十分落後。

這是在誇我嗎？一碰到長句子我就聽不懂了。

這是罵你！說你們只會打仗，什麼都不懂！

不僅大多數人不識字，甚至連學校也沒有。

生活水準也不高。

仗著父輩是軍人，才得以學習技術。

西元前269年為止，連貨幣都沒有。

只會發動戰爭，這也算美德？

56

古羅馬文化

蒐集不同的知識

不管基礎和抽象理論，只追求實用性。

羅馬學問中最大的特色是出版「百科全書」。

「百科全書」就是蒐集眾多知識的書。

這些都源於羅馬人的性格傾向。

探索自然法則？不合我們的胃口！

還不如研究如何利用自然。

與其說是專業書，還不如說是羅列各種知識的書籍。

當然了，因為作家從一開始就不是專家。

瓦羅是撰寫百科全書的代表人物，被譽為羅馬最偉大的學者。

瓦羅
(西元前116～前27)

他擔任過軍人、政治家等等多種公職，直到73歲。

從73歲到90歲，他利用17年時間來寫書。

目標，一年寫30卷以上！！

一共寫了74部書，總卷數達到620卷。

包羅萬象這個詞最適合用來形容他的著作。

瓦羅雖然寫了幾百卷書，但從未親自觀察和實驗，都是抄來的。

那倒也是……可是我都這麼一把年紀了，還要我去做實驗嗎？

我很忙，不要和我說話！看，這個好像是對的。

羅馬人喜歡炫耀的性格一點也沒變。

聽不清楚……

除了柏拉圖所列的七門學科，瓦羅又增加了醫學和建築學，在中世紀廣泛流傳。

音樂

天文學

數論

修辭學

幾何學

語法學

辯證學

醫學

建築學

維特魯威寫了10卷有關建築的百科全書。

維特魯威
（西元前1世紀左右）

他以建築為中心，增加了技術和原理等內容。

建築的原理，

造型構造，

混凝土混合法，

還有機械技術。把需要的都寫上。

當然，他的理論是從希臘書籍上抄來的。

嗯……原來是這樣……

希臘建築

他歸納數年的工作經驗，並將這些寫進書裡。

我是研究建築長大的。

他強調要結合理論和實務。

實務

理論

幾個世紀以來，維特魯威的書一直被當作建築教科書。

文藝復興時期羅馬建築盛行，我也有功勞。

他所提出的「建築三原則」在建築史上留傳許久。

堅固

實用

美觀

如果記得我說的話，就不會發生這種事了。

轟隆

凱爾蘇斯也是百科全書作家。

凱爾蘇斯
(西元前30？～西元45？)

他的著作涉及農業、美術、軍事技術、雄辯術、哲學和法律等等。

龐雜是羅馬的一大特色，知道嗎？

但是留傳到現在的只剩下醫學書。

強烈呼籲～

他所寫的醫書與古代不同，引起了人們的注意。

臉部和嘴部整容。

是不是變漂亮了？

甲狀腺腫大，切除扁桃腺技術。

還包括保持健康的方法，全書共8卷。

醫學

頭疼怎麼辦？

因此，凱爾蘇斯總是被誤認為是醫學家。

圓形禿就是以凱爾蘇斯來命名，被稱作凱爾蘇斯脫髮症。

真不知道該高興還是生氣……

啊！凱爾蘇斯脫髮！

凱爾蘇斯融合了羅馬醫學和希臘醫學。

羅馬醫學

希臘醫學

塞內卡是斯多葛學派的代表人物。

斯多葛哲學是羅馬時代流行的哲學。

克己禁欲、追求自然。平靜的心態最好。

塞內卡
(西元前4？
～西元65)

他是暴君尼祿的老師，因為不滿尼祿的暴政而隱退、埋頭寫書。

哈哈哈～

吃飯、寫書、睡覺，再寫書，真的很舒服。真不明白以前為什麼不這樣。

他的著作中，包括了地理學、氣象學等等百科知識。

火和空氣，霰★和風……

還有地震、閃電、彗星。

他有許多資料是直接引用。

盡可能剪貼資料。

★霰：水氣與高空空氣對流凝結成的固體，然後降至地面所形成，通常於下雪前或下雪時出現。

結論也充滿說教色彩。

閃電嘛……所以人應該做善事。

閃電和做善事有什麼關係呀？

哎喲！妳連這個都不知道？做壞事會遭雷劈的！

因為尼祿皇帝懷疑他謀反，而被迫自殺。

被我說對了，我書裡寫最好遠離世俗。

為什麼我會這樣死去？看來我的結論還有點不太對呀。

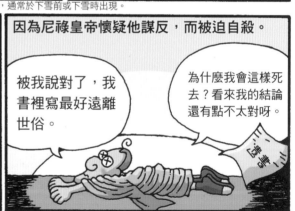

老普林尼是最具代表性的百科全書作者。

因為我的兒子也叫普林尼，所以在前面加個「老」字來區別。

老普林尼
(西元23～79)

在軍營生活期間，寫騎兵投槍的方法時，突然發現自己有寫作的才華。

不知道為什麼寫得這麼順暢……真是埋沒才能呀。

該訓練了！

他學習過植物學、哲學和修辭學，還當過律師。

修辭學，就是把文章寫得更有文采的技巧。

為了寫作，他幾乎不睡覺、盡心盡責。

如果去睡覺，那什麼時候寫作？

活著就是醒著。

該睡了吧？

最著名的作品是《博物志》。

我最討厭讀書了……

這本書參考了473位作家的著作。

書中匯集了35000個事件，這是我獻給提圖斯皇帝陛下的禮物。

該書蒐集了很多實用內容，描述得非常詳盡。

這本書以人類為中心，

食用

藥用

把植物分為食用和藥用，動物也是如此分類……

由於老普林尼並沒有求證過內容，書中充滿了他的想像。

我就是喜歡荒誕的故事。

後來的人受這些有趣的故事影響，對自然產生了極大的興趣。

裡面的故事都是真的嗎？

有可能！

不知道……

老普林尼後來成為拿坡里灣艦隊的司令官，

司令官閣下，龐貝城那邊升起了奇怪的濃煙。

西元79年，在調查維蘇威火山爆發現場時，吸入煙霧而窒息喪生。

不！我還有很多書要寫……

63

另一個不可不提的人物是詩人兼哲學家——盧克萊修。

盧克萊修
（西元前95？～前55？）

他將古代原子論整理成6卷。

用7400行長篇敘事詩整理了原子論。

呀！終於贏了！

原子論是由古希臘留基伯創立，再由弟子德謨克利特★完成。

還記得我們嗎？

原子論是用原子運動和其相互作用來解釋自然界的科學。

比方說，研究「物質是由什麼構成」等問題。

他們當然都是由原子構成的。

好重呀！

★關於留基伯與德謨克利特的故事，請參考第一集162頁。

物質是怎樣運動的？

原子聚集到一起或者散開……

再見

集合

生命和心是什麼？

這也是原子！

哈

甚至包括宇宙如何形成等廣泛問題。

原子！

不要問個沒完！

盧克萊修對原子論做了系統化的整理。

呼嚕呼嚕～

原子無條件

嘖嘖，還是由我來整理吧。

他用原子來解釋自然現象，

天文現象和傳染病不是因為神發怒，而是有科學因素。這句話要加底線！

打破了當時的羅馬迷信。

不是那樣的！

我相信。

但是，他也沒有經過觀察和試驗。

……

遺憾的是，他完全照抄德謨克利特的希臘科學知識。

為什麼找不到？

即便這樣，有關原子論的其他著作甚少留傳下來，

該書便成為最珍貴的資料。

原子論與基督教的世界觀完全不同。

我失業了？

如果說天地的創造是因為原子運動，那神豈不是沒事可做了？

基督

由於基督教徒的強烈反對，這本書差點失傳。

褻瀆神明的書！

幸好被文藝復興初期的人文學者挽救下來。

一本

兩本

這……如果想扔掉的話就送給我吧。

在羅馬時代，純粹科學尚未發展，沒有著名的數學家。

我出不去！

數學

工具有圓規、尺，還有測量器。

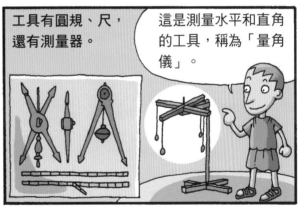

這是測量水平和直角的工具，稱為「量角儀」。

至今還可以在時鐘上見到羅馬數字。

9點了。

當當當

羅馬同時使用十進位制和五進位制

D是刀子的樣子。

V是手的樣子。

X是雙手交叉的模樣！

I（1）　V（5）　X（10）　L（50）　C（100）　D（500）　Φ（1000）

如果要用羅馬數字表示數字，會是很長一串文字。

比如說，要寫3679。

就會是這樣。

ΦΦΦDCLXXIX

由於計算十分繁瑣，羅馬人發明了算盤，

稱為「Abacus」。

這種算盤是在大理石板上鑽孔，放進珠子，珠子是活動的。

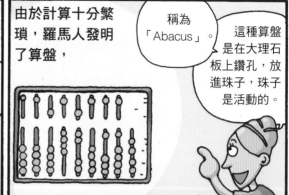

原理類似中國的算盤。

看珠子的位置就知道答案。

羅馬人原本使用太陰曆。

太陰曆以月亮的變化為周期，一年有354天。

西元前46年，凱撒大帝★控制了羅馬，成為皇帝。

羅馬……多麼遼闊的疆域！

要如何治理才能讓天下都知道我的豐功偉業呢？

為了有效統治殖民地，他決定統一曆法。

統治需要經費，來源就是稅收。

定好收稅的日期，如果延遲就處以罰金……

不可能，各地的曆法不同。

如果是這樣的話……

★蓋烏斯・尤利烏斯・凱撒，後世尊稱為「凱撒大帝」。

他命令天文曆法學家索西琴制定曆法。

對了，我去埃及的時候，他們使用太陽曆。

真想念克麗奧佩托拉！

那麼就制定一個新的太陽曆如何？

他不顧反對，下令普及新制定的太陽曆。

只使用太陽曆是錯的。

要和太陰曆一起使用才……

聽不見……

好想克麗奧佩托拉！

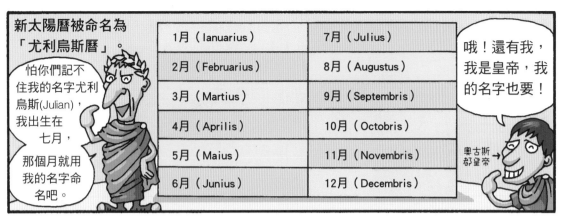

新太陽曆被命名為「尤利烏斯曆」。

怕你們記不住我的名字尤利烏斯(Julian)，我出生在七月，那個月就用我的名字命名吧。

哦！還有我，我是皇帝，我的名字也要！

奧古斯都皇帝→

1月（Ianuarius）	7月（Julius）
2月（Februarius）	8月（Augustus）
3月（Martius）	9月（Septembris）
4月（Aprilis）	10月（Octobris）
5月（Maius）	11月（Novembris）
6月（Junius）	12月（Decembris）

尤利烏斯曆中一年有365天。

哦……原來一年的長度是 $365\frac{1}{4}$ 天。

這樣四年不就多了一天？

於是制定了閏日，每四年在2月23日後加上一天。

這一天作為閏日，四年加上一次，不就對了嗎？

閏年　平年　平年　平年

他還想把3月25日定為春分。

快擠進去！

3月25日春分點

尤利烏斯曆不僅在羅馬使用，還在美洲、歐洲傳播直到16世紀。

羅馬占領的所有國家都要使用尤利烏斯曆！

喂！站住！往哪兒跑？你敢不聽話？

教皇格里高利十三世重新修改了曆法，就是現在使用的日曆。

這個曆法也有問題，每個月的天數參差不齊，計算方法也很複雜，

但是由於許多地方都在使用，所以只好將就用了。

為了治理羅馬寬廣的領土，凱撒大帝還派人繪製了地圖。

對！必須知道各地的情況，

可以派軍隊去收稅。

還可以去遊玩，對吧？

負責測量並繪製地圖的人是阿格里帕。

他是羅馬皇帝的女婿，還是軍人和政治家。

測不準確！軍紀真是鬆懈！

阿格里帕
(西元前62～前12)

他以道路為中心，繪製出巨型的測量地圖。

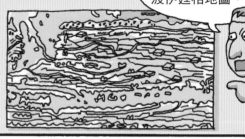

後來，波伊廷格將這些地圖蒐集起來。這地圖就被稱為波伊廷格地圖。

他修建了溝渠、下水道等工程，著名的萬神殿和高架引水渠也是他的功勞。

我的石膏像也很有名喲。

梅拉是繼阿格里帕之後的地圖繪製者，出生於西班牙。

梅拉
(西元1世紀左右)

他寫了《世界概述》，共3卷。

俄刻阿諾斯(大洋)

黑海　裏海

歐洲

絲綢之國

地中海　非洲　亞洲

波斯灣

這就是我繪的世界地圖。

他深受希臘地理學影響。

希臘地圖

是第一個發現黑海的人。

在這裡，知道嗎？歐洲和亞洲之間有個海叫黑海。

他認為在南部的熱帶地方也有人生活。

那裡應該有人，雖然不知道長什麼樣子……

那麼……
只要有了
地圖，

就方便打仗，
可以去收稅，
還可以去遊玩
嗎？

啊，有地圖就可
以了，還要什
麼……

嘖嘖，想一下
吧！如果去收
稅金時，路況
不好怎麼辦？

只能翻山渡
河，歷經磨
難了。

看！這下知
道需要什麼
了吧？

對！應該
修路。

為了統治遼闊的疆土，羅馬帝國以羅馬城
為中心，修建了29萬公里的道路網。

迅速行動！

愉快旅行！

在漂亮的道路
旁建有住所、
驛站和路標。

這些道路中最有名的是阿皮亞古道。

是根據修建者的
名字來命名的，
名字不錯吧？

道路規模很大，寬8公尺，長達540公里。

由於修建得非
常結實，至今
仍在使用。

最下層是砂礫碎石，鋪上碎石和砂漿混合而成的石板，最
後蓋上打磨過的石塊。這些道路都是這樣建造而成。

呸！全是
灰塵！

沒看到還在施
工嗎？這群快
馬族！！！

條條大路通
羅馬！

69

羅馬民族原本從事農業。

農民不需要太多的創意，而是要求誠實和實用。

是，父親。

雖然沒有新的發明，但是在日常生活和政治、軍事等實用方面發展快速。

我可以自信的數出我們的發明，因為沒幾個。

對了……還有混凝土和……

隨著帝國興起，

皇帝和羅馬帝國想要更有威嚴，所以要建造更大的建築，來展示顯赫的名聲！

號令奴隸興修的建築越來越多。

這樣會把我們累死的！

雖然很苦，但還是很慶幸我們有起重機。

「起重機」是羅馬時期用來搬運沉重石頭的機械。

到底向哪邊！

左邊！向左！右邊！

羅馬競技場就是利用起重機建成的。

可以容納5萬名觀眾。

競技場外形為橢圓形，長188公尺×寬156公尺，共有四層。

羅馬人在這裡觀看比武或鬥獸等殘酷的比賽。

萬神殿是「供奉眾神的神殿」，始建於西元前27年，歷時兩年完成。

真的是祭祀眾神的地方？

那當然了！不過好像沒見過你這尊神明啊！

後來因雷擊毀損，於西元118～125年重建。

重建神殿的人是我，哈德良皇帝！請眾神務必記住！

這個神殿最出名的地方是圓頂有一個直徑9公尺的天窗。

這是羅馬萬神殿中，保存最完整的部分。

哇，技術真高超！

羅馬人鄙視醫生，所以沒有發展醫學理論。

醫生只會寫書，有什麼品味可言！

但是由於戰爭不斷，外科技術卻十分發達。

被槍刺穿了！

骨頭錯位了！

摔倒了，嗚嗚。

塗點口水！

接好！

縫上！

公共衛生也十分發達。

呀，清水引來了！

道路清掃得真乾淨！

地下水處理也很完善。

想不到，那時的城市竟有這樣好的衛生設施！

別激動，我們去洗澡吧。

羅馬皇帝卡拉卡拉建成的大浴場分成許多房間，污水處理也做得很完善。

每天都洗澡，我們真的很乾淨！

到三溫暖去排汗。

按摩！

好癢～

也可以在冷水中洗澡！

噢，真好！

下水道是我們的天堂。自西元前615年建好後，一直耐用到19世紀。

羅馬需要有技術的工匠，

卻沒有建立技術教育。

那怎麼學習技術呢？

比方說，如果我想學習建築技術，就去當建築師的徒弟。

完成徒弟應做的功課之後，參加建築師的考試，成績合格就成為技術人員了。

作業：攪拌混凝土

羅馬的技術工匠改變了生活。

磨小麥的麵粉廠就是其中一個例子。

原本是由奴隸推磨，後來奴隸漸漸少了……

改利用家畜來拉磨。

後來想出利用水力的方法。

在河邊修建了很多水力麵粉廠。

每天10小時，可以生產2.4～3.2噸的麵粉。

唉呀，還是累啊……

木工使用鋼絲鋸和弓形鋸，也會使用弓形鑽。

相同行業的工匠還成立了勞動行會。

由於戰爭不斷，工匠在羅馬帝國初期曾獲得特殊的地位。

羅馬商船和希臘商船沒有什麼不同。

改造軍用船隻，以便於近距離作戰。

放吊橋！

他們還研發了用牛力划動的船。

武器方面，有一種名為「奧那格爾」的投石器。

快躲開！

噹

奧那格爾就是野毛驢的意思。

驢子如果被逼得走投無路，會轉過身來猛踢，然後逃跑。

投石器的名字就由此而來。

在兩邊的支架纏繞幾圈繩索，在中間插上木桿、向下拉扯，繩索就會繃緊。

在這裡吊掛石塊，將卡鎖拔掉後，石塊就會投出去。

好，羅馬篇就介紹到這裡。由於沒有什麼需要補充的，在此，我們向大家展示一下高性能武器。

準備發射～

發射！！

司令官，那邊是羅馬城！

唉，完了～

3

承襲希臘文化的科學發展
古代與近代科學的交界

承襲希臘文化背景故事

希臘被羅馬占領了。

但是鼎盛一時的希臘文化並沒有馬上消失。

許多沒有凋謝的花依然盛開。

羅馬人雖然尊重希臘學問，但是未能繼承和發展。

真不像話，幹嘛老看別人的成績單？

希臘學者仍舊是研究學問的主軸，繼承著希臘文化的傳統。

哼，為什麼要用希臘語來寫科學書籍？

因為寫書的和看書的全是希臘人嘛！

同時，由於受羅馬人注重實用性的影響，

給你！

接著！

基礎學問

實用性

各種科學得以進一步發展，並延續到中世紀。

隨著時代的變化，古代科學也將告一段落。

希臘文化承襲者
現代科學的種子

如果想了解希臘文化承襲者的成就，

到哪裡去了？

躲好了，別讓他們看到了。

只要查看羅馬人極少涉足的領域就可以發現。

特別是數學！真令人心寒！

等等，你跑出來還怎麼玩呀？

找到了！

傑拉什的尼科馬庫斯是新畢達哥拉斯派學者。

換我抓你了。

尼科馬庫斯
（西元50～150？）

他寫了《算術入門》一書，共兩卷。

算術入門

啊～

這本書是現存數學著作中，最古老的一本。

歐幾里德的《幾何原本》中，曾對畢達哥拉斯的數學理論進行論述。

畢達哥拉斯學派認為「萬物即是數」……

噢？這不用解釋我也知道。

他們考證音樂、圖形和天體運行中，數字的比例和性質。

這我也知道，還寫了書……

尼科馬庫斯所著的《算術入門》內容如下：

第一卷有關數論、幾何學、天文學和音樂。

第二卷包括平面、多角函數、立體和數列。

瞧！這都是我寫的！

嘖嘖

他的理論並無新意。

錯誤這麼多！數學有那麼簡單嗎？還不把手舉起來？

我真的不知道是錯的。嗚嗚～

後來，這本書被翻譯成拉丁語，還出了注解書，大受好評。

儘管錯誤很多，羅馬人還是很喜歡……

在他之後的數學家是出生於亞歷山大城的帕普斯。

啦啦啦

帕普斯
(西元290？～350？)

他寫了《數學集成》一書，共有8卷。

前兩卷已經失傳了。

後面6卷不僅涉及幾何學、天文學、分析學，還有機械力學。

他的書沒有新的內容，但是描述卻富有文學色彩。

有一個像蘋果一樣的圓，

在中間挖出一個櫻桃大小的面積，就出現了像餅的圓。

這樣的解釋打破了原有的觀念。

難到得正經八百的解釋？

那不是太沒意思了？要快樂的活著。快樂的！

作為古代科學最後一位數學家，戴奧弗多斯的成就相當卓越。

看什麼呢？

戴奧弗多斯
(西元246？～330？)

關於他的生平，人們只知道他生活在亞歷山大城。

只要知道數學就行了，知道那麼多做什麼？

他所著的《數論》共13卷，但是只留下6卷。

留下的量不到一半。怎麼都沒有好好保存呢？

從《數論》一書中，可以得知他是最早研究代數的人。

所謂代數就是用字母代替數字，以此來研究數的關係和性質。怎麼連這個也不知道？

例如，代數方程式！

$2x=15-5$
$2x=10$
$x=\dfrac{10}{2}\dfrac{5}{1}$
$x=5$

對於當時偏重幾何學的希臘數學來說，代數是重要的補充。

啊！我有漏洞！

一被發現了！

希臘數學

代數

不要叫，我來補上！

他在《數論》中用字母來表示未知數和一些運算，並解答了189個題目。

他所設想的「代入符號方式」和今天使用的代數方式相同。

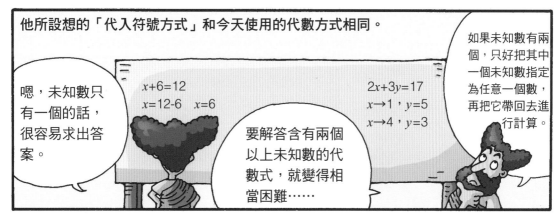

嗯，未知數只有一個的話，很容易求出答案。

$x+6=12$
$x=12-6$　$x=6$

要解答含有兩個以上未知數的代數式，就變得相當困難……

$2x+3y=17$
$x\to1$，$y=5$
$x\to4$，$y=3$

如果未知數有兩個，只好把其中一個未知數指定為任意一個數，再把它帶回去進行計算。

戴奧弗多斯是個天才，對解題有著超凡的創意。

哦，我不是天才，這樣說很不好意思的。

但是他只認可「有理數」★。

哦，不要強迫我，

解答為負數或無理數的方程式，不僅無法解，而且沒有必要解，你不同意嗎？

有理數

★有理數：數學上，一個數只要能夠化為分子分母皆為整數的分數，就是有理數。

戴奧弗多斯的著作堪稱當時數學的代表之作，後來由阿拉伯人保存。

他的著作後來被翻譯成拉丁語，對16世紀歐洲代數發展影響甚鉅。

歸納得相當好，不是嗎？

代數從此有了好教材。

好什麼呀，要學的東西又更多了！

在那個時代，數學應用在很多領域。代表人物是數學家和力學家海龍！

你們好！我來赴約了！

海龍
(西元前1世紀左右)

海龍消化了以往的力學和幾何學知識，編寫了實用性書籍。

要吃下去才能消化！

綜合了幾何學、測量、自動裝置、會飛的機械、圓頂天窗等多個領域……

他留下許多著作。

留傳至今的著作就有14種。

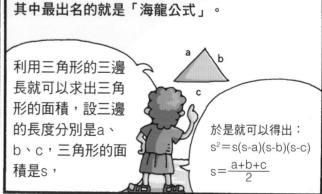

其中最出名的就是「海龍公式」。

利用三角形的三邊長就可以求出三角形的面積，設三邊的長度分別是a、b、c，三角形的面積是s，

於是就可以得出：
$s^2 = s(s-a)(s-b)(s-c)$
$s = \dfrac{a+b+c}{2}$

海龍將這個公式寫進自己的書裡，卻沒有注明是自己的發現。

這很重要嗎？不管是誰發現的，只要好用就行了。

那時還沒有著作權的觀念，現在就不一樣了。

他的發現，很多是繼承和發展前人的成果。

前人的成果就這樣被埋沒，豈不是很可惜？

他繼承了克里圖勞斯★實驗自然學的傳統。

真的發展很快。

是嗎？嘿嘿……

海龍利用氣體和蒸汽製造了許多有趣的機械。

我認為空氣是可以壓縮、離散的粒子。這不是很有意思的想法嗎？

但是那個時代的學者對此並不關心。

哼！

★關於克里圖勞斯的故事，請參考本書22頁。

他利用五種簡單的機械來解釋力學。

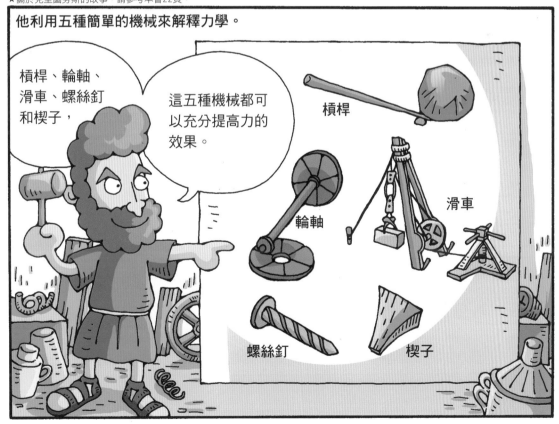

槓桿、輪軸、滑車、螺絲釘和楔子，

這五種機械都可以充分提高力的效果。

槓桿

輪軸

滑車

螺絲釘

楔子

83

在此介紹他運用力學所製造的裝置。

首先，這個叫「表尺」。

在這個圓盤下面，有螺絲和齒輪，可以調節圓盤垂直和水平的高度。

有了這種裝置，無論在任何角度都可以測量水平。

這是經緯儀★的原始雛形，是古代發明中少見的精密儀器。

用它可以計算出高低不平物體的寬度。

★經緯儀：是一種簡單、可以支撐和旋轉的雙坐標軸架台，可配合望遠鏡、照相機、天線或太陽能電池板等儀器使用。

這種裝置方便又實用，在坑道兩側同時進行挖掘，可以確保準確接通。

為什麼挖這麼久還碰不到另一方？

還有……這個是「聖水桶」，把硬幣放進去，就會流出水來。

??

在參拜神殿前洗手時使用。

這應該就是自動販賣機的祖先了。

硬幣掉到小匙上，小匙會傾斜。

與匙柄相連的棒子會隨著小匙傾斜而上升。

原本堵住水孔的棒子下端也會上升。

這樣水就會流出來，直到小匙上的硬幣掉到容器底部。

哦，還有利用風力來發出聲音的「風琴」，這個也很有意思。

首先，風車隨風轉動，帶動小輪子轉動。

與小輪子相連的棒子開始左右活動，而另一個連著它的棒子則上下運動。

這些棒子稱為活塞，在上下運動時，與風琴連接的管內空氣被壓縮或膨脹。

空氣發生變化後，從風琴內部排出去，就發出了聲音。

最後，給你們看一個最重要的東西。

這個叫作「汽轉球」，是最早發明的反動式渦輪機。

想知道它是怎樣運轉的嗎？首先在下面用火加熱蒸氣管中的水。

這樣不就產生水蒸氣了嗎？水蒸氣沿著管子上升，進入球內。這個球用一根棒子串起來，就像烤肉，還可以旋轉。

球上有兩個朝向不同方向的彎曲排氣管，球內充滿水蒸氣後會向兩邊噴出，球也因此開始轉動。

棒

球

排氣管

蒸氣管

海龍的研究奇特新穎，不少成果已經達到近代水準。但在當時，他並不受歡迎。

看看這個，它可以自己旋轉，是不是很了不起？

那又怎麼樣？

啊，那又怎麼樣？你說那又怎麼樣？

在當時，因為有奴隸可以使喚，人們怎麼會對機械感興趣呢？

好好想想吧。如果奴隸不夠的話會怎樣？

奴隸不夠？

那就沒辦法了，只能加重現有奴隸的工作……

要努力工作！

即便在奴隸發起暴動時，

奴隸也是人！

也沒有人想過要使用機械。

結果，到了近代，由於勞動工資不斷上漲，人們才開始意識到該利用蒸氣。

嗯？如果加薪，我就剩不了多少了……

有沒有什麼好辦法？不用花錢、可以任意使喚，也沒什麼怨言，只願意埋頭工作……

這……又不是奴隸，怎麼可以那樣……

呀！有了！過去有個叫海龍的人製造過汽轉球……

過去很長一段時間，人們都未能認知海龍發明的價值。

在他們看來，我的這些發明都像玩具……

所以說，技術的發展與社會需求密切相關。

這是我最討厭聽到的話……

學者一定要生在對的時代。

是嗎？下面就介紹給你這樣的學者，如何？

斯特拉波比任何人都崇拜羅馬帝國。

羅馬真的很漂亮！

治理世界、維持和平，這不正是神的旨意嗎？

斯特拉波
（西元前64？
～西元23？）

我可以自豪的說，我去過的地方比任何人多。

哦，當然是受益於發達的羅馬道路，讓學者旅遊、考察都很便利。

哦！

他按照埃拉托斯特尼★的方法寫了《地理學》，共17卷。

嗯，把立體移到平面上，就是使用經度和緯度的方法！

★關於埃拉托斯特尼的故事，請參考本書36頁。

但是，他的數學能力不如埃拉托斯特尼，把球體轉到平面的數據並不正確。

反正這是要用於軍事和政治的地圖書，不正確也……

雖然如此，他所使用的方法和書中的內容還是很有趣的。

我現在把調查結果拿給你看，要好好看喲。

首先，你要知道我都去了哪些地方，先是……

我看還是先吃飯吧。

他記錄了各地所有的事物，

兩座山、一條溪……

哦，還有寬闊的平原，面積有多大呢？

居民、歷史和考古方面也都有詳細記錄。

這個村裡有多少人？

美女多嗎？

有沒有有趣的傳說？

傳統美食是什麼？

還有大地的變化等等，就像一本地理學百科全書。

大地有削平的、隆起的、下沉的、裂開的、噴發的，真是變化萬千。

啊，要掉下去了！

他認為地球非常寬闊，在地球上一定會有沒人涉足的陸地。

當然，地球是多麼大……一定有我們不知道的另一個世界。

書中還有關於亞洲的詳細記錄，被後人視為重要的資料。

這都是托腳底板的福！走得越多，腳底板越硬。

嗝嗝

這本書是實用的知識書，書中蒐集了大量的資料。

因為羅馬人喜歡這種知識書。

而我喜歡這樣的羅馬！

另一位地理學家馬里努斯所寫的《地理學入門》，卻沒能留傳下來。

馬里努斯
(西元2世紀左右)

學者托勒密在自己的書中聲稱參考了馬里努斯的許多研究，後人才知道馬里努斯。

我是個知恩圖報的人。

我受到你很多關照。

謝謝啦！

托勒密

在《地理學入門》中，馬里努斯記錄了各國地名，還算出了經緯度。

8000個地方的經緯度，

一個一個計算，然後記錄下來。

89

他詳細記錄了各地的天文特徵。

記錄了各個城市的日照量和太陽活動等等。

因為補充了天文學資料，地理學就顯得更富於科學性質。我是出於這種想法才這樣做的。

馬里努斯把地球的圓周看得比實際上要小，

地球的圓周大概是180000希臘里吧？

360° = 180000希臘里

360°

1° = 500希臘里

所以長度越長，誤差也就越大。

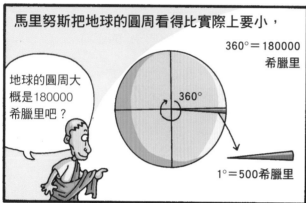

但是與之前的地理學家相比，

差不多……　大概……

大致……

就算是直線距離，也不能只猜個大概……

他清楚的知道，如果情況發生變化，就應該依據新的情況重新計算。

如果是山坡或沒有路時，

就要將計算稍做增減。

他創造了將立體的地球移到平面上的「投影圖法」。

63°
36°
10°
20°
圖勒島緯線
羅德島緯線
晝夜分界線
墨洛埃德緯線
通過圖勒島
通過羅德島
通過塞恩
晝夜分界線
墨洛埃德對應點

在繪製地圖時，最難的就是把圓的球面移到平面上。

投影圖法是將在空間裡的物體位置，以點為基準移到平面上的方法。

之後，完成「古代天動說」理論的大學者誕生了。

托勒密
（西元85？～165？）

托勒密出生在埃及北方，主要在亞歷山大城活動。

那時，亞歷山大城的國王也叫托勒密。不要和我弄混了喲。

竟敢和國王同名！

不管怎麼看，我都更酷，對吧？

除了天文學，托勒密在許多學問都有獨到的見解。

地理學

物理學

數學

他完成了一本如何運用數學製造日晷的著作。

書名是不是該叫《簡單易學的日晷製作法》呢？

他還寫了有關占星術的書籍。

4卷

這本書好像是受當時流行的占星術影響。

最近總是做怪怪的夢……

這本書的特色是不認同「宿命論」。

因為注意到太陽和月亮對地球的影響。

我認為天體現象和其他自然現象一樣，也會影響人類。

在「視角」方面，他沿襲了希臘人錯誤的觀點。

是雷射眼嗎？

不對，是勝利的標誌「V」！

他用各種實驗證明了視線是直線。

如果視線不是直的，那為什麼看不到物體後面的東西？

是蘋果。

他還認為看到的顏色其實早就存在人的心裡。

嗯，那個花應該看成是紅色的。

看，紅色出來了！

透過實驗研究光線折射。

把硬幣放在容器裡、視線看不到的地方，

倒一點水進去，就可以看到硬幣了。

他的發現與1662年才發佈的「折射原理」十分接近。

雖然我也不知道為什麼會這樣……

我來說明一下，這是因為光線在空氣和水中發生的折射角度不同，所以看得到水裡的硬幣。

荷蘭學者斯奈爾

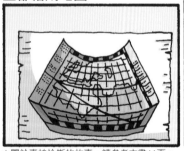
托勒密還將人類的生活地區全都繪成地圖。

利用喜帕恰斯★投影法將圓的地區全部移到平面上。

該不會連我也要包在那張紙裡吧？

用經緯度標出各個地區的位置，這樣，那些筆耕士在寫作時，就可以方便利用。

筆耕士，就是指著書寫作的人。

★關於喜帕恰斯的故事，請參考本書41頁。

托勒密最偉大的著作是關於天文學的。

天文學大成

這本書首次統合了之前希臘天文學方面的成就。

同時，也收錄了他獨創的研究成果。

這本書共13卷，希臘語書名的意思是「最偉大的書」。

希臘語應該這樣說。

也給我看著

最偉大的書

翻譯成阿拉伯語的書名是《天文學大成》。

原文書名太長了，怎麼辦？

取其中的意思就行了，反正是外來語……

1175年，這本書又被翻譯成拉丁文，重新傳回歐洲。

怎麼也找不到了，嗚嗚……

別哭，別哭，我的先借你，怎麼樣？

誰叫你不好好保管呢？

這本書在17世紀前都是西洋天文學上的權威著作。

天文學大成

托勒密 著

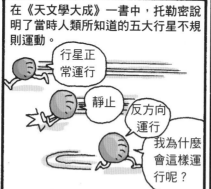

在《天文學大成》一書中，托勒密說明了當時人類所知道的五大行星不規則運動。

行星正常運行

靜止

反方向運行

我為什麼會這樣運行呢？

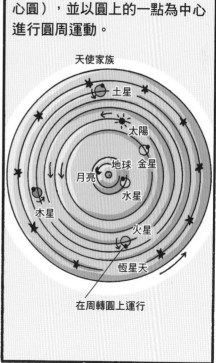

各天體以地球為中心排列，行星圍繞宇宙的中心組成一個圓（離心圓），並以圓上的一點為中心進行圓周運動。

天使家族

土星

太陽

地球

月亮　金星

水星

木星

火星

恆星天

在周轉圓上運行

他創造理論來解釋行星的亮度變化。

昨天好像更亮一些，真怪！

是不是像我一樣也餓了？

雖然正在減肥，也不至於……

根據他的理論，地球是靜止不動的。

你什麼時候見到中心動過？

別臭美了！

太陽並不是宇宙的中心。

所以我說太陽系的中心是……

嗬！

為了讓觀察結果與自己的說明一致，他放棄了歐多克索斯和亞里斯多德★的同心球理論。

還記得我們嗎？

為什麼把我們捲起來？

★關於歐多克索斯與亞里斯多德的故事，請參考第一集172頁與174頁。

他選擇了阿波羅尼斯*提出、喜帕恰斯發展的周轉圓和離心圓理論。

因為這些和觀測結果大致相符……

★關於阿波羅尼斯的故事，請參考本書25頁。

托勒密進一步完善了周轉圓和離心圓理論，並用其解釋五個行星的運行。

仔細觀測……

把兩個周轉圓變形為縱圓，

最後畫出與行星運行軌道相符的圓。

我都佩服自己的數學能力了，呵呵。

不要使用分身術！

他對月亮的研究成果卓絕。

美索不達米亞人的研究給了我很多幫助。

甚至可以計算出何時有日蝕和月蝕。

但是，他只是從數學角度來完成這本書，並沒有對整個宇宙做出物理解釋。

都這樣了，還有什麼不滿的？

他只是把喜帕恰斯的觀測資料加以整理，繪成恆星表，注明了1022個恆星的位置和亮級。現在，這些都成為珍貴的研究資料。

在沒有望遠鏡的時代，都是用肉眼看星星。

將它們大致分成南北兩半球後……

北半球

南半球

注明一個個星星的黃道坐標……

你，到這一排來！

不要推我！

我討厭這邊！

為什麼只剩我一個！

你是怎麼知道坐標的？在天上畫線嗎？

沒錯！

給你們看一下我觀測用的儀器吧？

有我製作的，也有改裝過的。

這個叫作「子午環」，是測量子午線上太陽高度的儀器。

正北

子午線

正南

只有測量子午線，才能計算出正確的高度。

這個叫作「三邊儀」，是測量月亮通過子午線時，天頂距離的儀器。

天頂

天頂距離

子午線

這個是測量太陽和月亮外觀直徑的儀器。

幫你量一下腰圍吧？

我看還是算了吧。

最後介紹的這個儀器叫作「環形天文測量儀」，可以直接測量並計算所需的角度，是「星盤」的雛形。

我就是利用這些儀器來測量天體的高度、角度，以及大小。

這樣啊……

他的書中也有不合理的地方，但是他認真的態度，受到世人的認可。

如此精確的計算，真令人感動！

是嗎？我也應該讀一下。

為什麼哭呀？

我看不懂這是什麼意思。

老師，寫一本普通人都能看得懂的輔助說明吧。

請您簽個名……

看到了嗎？我的人氣就是這麼旺。

那個時候也有鍊金術。

研！

鍊金術源於古埃及，在希臘、阿拉伯、印度、中國和歐洲都受到關注。

最早關於鍊金術的記錄是在西元前3世紀。

在18世紀前一直受到關注。

人們常把賤金屬轉化為貴金屬這件事，看成偽科學。

用賤金屬造金子，怎麼可能。騙子！

騙子？就算我造的不是金子，你也分辨不出來。

再說，如果我能造出金子不是很好嗎？

這是金子呀。

研究目的不全然出於貪心，

了解物質的構成原理，不是所有科學家最基本的欲望嗎？

金子的構成

還有，非金屬是不完全的自我狀態。

金子是獲得靈魂的自我狀態。為什麼呢？因為金子總是在發光。

非金屬　　金屬

如果把製造金子的方法應用到人身上，

那麼人也會獲得靈氣。

許多人出於不同理由而沉迷於此，發展了鍊金術。

金子就是權力！

靈魂的感悟！

利益！

……

不清楚！

國王　教皇　工匠　印染匠　機械工

錬金術基本思想源於古希臘的四元素說和四氣質說。

亞里斯多德認為所有的物質都源於四元素，

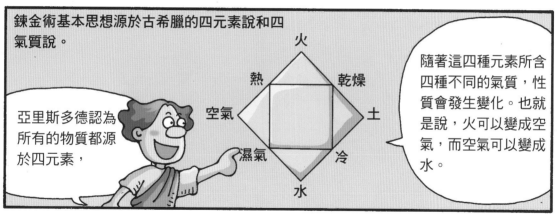

火
熱　乾燥
空氣　土
濕氣　冷
水

隨著這四種元素所含四種不同的氣質，性質會發生變化。也就是說，火可以變成空氣，而空氣可以變成水。

物質四元素的性質變化後，物質性質也會變化。

想要造出金子，就得分解出物質的四種構成元素，

咕咚　鏘

再重新組合成與金子構成元素相同的物質。

最早的錬金術出於對技術的好奇。

那時候的文獻有萊頓和斯德哥爾摩所藏的幾部紙草書。

文獻主要是介紹金屬、貴重金屬、合金等等製造方法。

即便是在當時，也能分辨出這樣造出的物質是假的。

假的
仿造
贗品

後來，這種技術摻入了神祕主義色彩，發展成獨特的領域。

神祕主義
技術

理論也開始變得更加難懂。

宗教人士使用專業術語。

怕別人聽懂而故意使用暗語。

此外，還融入了柏拉圖、亞里斯多德、新畢達哥拉斯學派、諾斯替教派、斯多葛哲學、占星術和咒術等各種思想，看起來相當複雜。

而且還有象徵和寓言式的表達，使鍊金術更加難以理解。

每種金屬都被賦予一種人格。

改變金屬的性質被比喻成生命的出生和死亡、復活和靈魂的淨化。

化學變化有很深的含義，大宇宙的變化更是如此。

鍊金術士以各種理由掩蓋自己的身分。

或是出於追求名聲，

假德謨克利特

伊希斯

赫爾梅斯·特里基特斯

或是害怕被基督教視為異端。

猶太夫人瑪麗亞

現在，我們看一下，在鍊金術中所使用的兩個圖，「克麗奧佩托拉黃金鍊金法」和「吃太陽的獅子」。

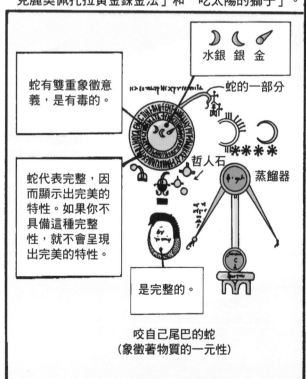

水銀　銀　金

蛇的一部分

蛇有雙重象徵意義，是有毒的。

哲人石

蒸餾器

蛇代表完整，因而顯示出完美的特性。如果你不具備這種完整性，就不會呈現出完美的特性。

是完整的。

咬自己尾巴的蛇
（象徵著物質的一元性）

硫黃是男性的象徵，被綠獅子吃掉(死亡)代表從此得到了解脫。也就是說，硫黃和非金屬物質一起發生了變化。

綠獅子 →

錬金術的用語越來越複雜,一種金屬往往有好幾個名稱。

比如水銀,可以說成是水銀、男性化的女性、不斷逃亡等。

還有神水、海之水、月球之水、黑牛奶等許多名稱。

錬金術中使用的金屬符號。

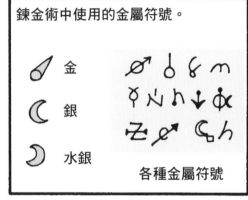

金

銀

水銀

各種金屬符號

錬金時使用的蒸餾器,分為三部分。

蒸餾器頂端

排管

容器主體

爐子

接取蒸餾液

有的蒸餾器有兩個排管。

錬金術士突發奇想,創造了自己的方法。

蒸餾雞蛋提取硫黃用來染色。

他們有效的改進了各種器皿,發明了許多現在仍在使用的化學實驗器皿。

有位名叫瑪麗亞的錬金術士還發明了處理金屬蒸汽的裝置。

還有循環空氣的裝置,叫作「凱羅塔基斯」。

只憑書中留下的說明,很難知道如何使用。

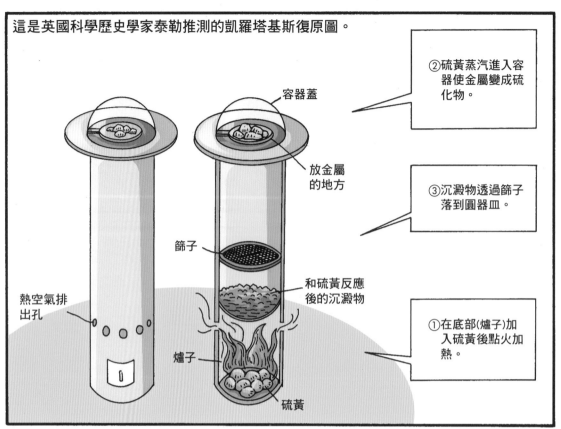

這是英國科學歷史學家泰勒推測的凱羅塔基斯復原圖。

容器蓋

放金屬的地方

篩子

和硫黃反應後的沉澱物

熱空氣排出孔

爐子

硫黃

②硫黃蒸汽進入容器使金屬變成硫化物。

③沉澱物透過篩子落到圓器皿。

①在底部(爐子)加入硫黃後點火加熱。

在那個時代,迪奧斯科里德斯的研究延續了古代化學。

迪奧斯科里德斯
(西元1世紀左右)

他是羅馬時代的植物學者和藥物學者,還是個軍醫。

軍醫!怎麼可以在戰場上挖草藥?

危險!

他寫的《藥物論》共5卷,收錄了古希臘人的研究,被譽為本草學★的百科全書。

菊科植物對寒症治療效果極佳,做成了青藥可消除燒傷後的炎症。

書中介紹了大約600種植物及其功效。

不僅是對植物性質的解釋,還闡明了藥用功效。

★本草學:對藥用的植物、礦物、動物研究的學說。

這本書展示了古代科學的一部分。

有提煉水銀的方法……

這是蒸餾水銀的儀器。

到15世紀為止，這本書都被視為權威著作。

這都是你們的功勞。謝謝你們啦。

不少希臘醫學被傳到了羅馬。

哦，醫學？是做什麼用的？

當時，羅馬人還使用民間療法，對醫學並不了解。

脫臼不是靠祈禱來治療嗎？

不是說治百病的藥是白菜嗎？怎麼又……

希臘醫學在羅馬得以發展，主要是阿斯克萊皮亞德斯的功勞。

阿斯克萊皮亞德斯
（西元前124？～前40？）

原本，他學的是辯論術和哲學。

哈哈！我善於言談，而且很聰明。

所以得到了政治家和民眾的認可。

他反對希波克拉底★的「體液說」和「自然治癒能力」，搬出了「原子論」，創建了新的生理學理論。

想一想吧，原子不是構成萬物的基礎嗎？

所以，疼痛是某個原子出現問題。

原子的狀態決定了健康的狀態。

★關於希波克拉底的故事，請參考第一集167頁。

快治好它吧，別讓我再疼了。

哈哈，不必擔心。

我在羅馬最成功的一件事就是它了。

完全……

快速……

無痛治療。

這大概和羅馬人的性格有關，病很快就好了。

他討厭解剖學和藥物療法，勸人採用營養療法、運動、沐浴按摩等方式來維持健康。

沐浴後再按摩，嘻嘻！

這是大部分羅馬貴族常做的事情。

他在羅馬所建的醫學院，在他死後仍然繼續營運。

不對，按摩應該更輕柔。

輕柔？

魯佛斯是圖拉真皇帝時期的解剖學者和醫學家，出生於以弗所。

魯佛斯
（西元100年左右）

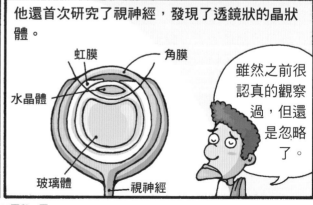

他寫了關於解剖和脈搏的書籍。

人體器官名稱

人體器官解剖

脈搏概述

他以赫洛菲洛斯和埃拉西斯特拉圖斯★的理論為基礎進行研究工作，還解剖動物。

敷嚄～

最好是跟人很相似的動物，比方說猴子和豬。

他還首次研究了視神經，發現了透鏡狀的晶狀體。

虹膜

角膜

水晶體

玻璃體

視神經

雖然之前很認真的觀察過，但還是忽略了。

★關於赫洛菲洛斯與埃拉西斯特拉圖斯的故事，請參考本書45頁與47頁。

魯佛斯發現感覺神經和運動神經的差別。

他認為脈搏和心臟的跳動，是由心臟收縮引起。

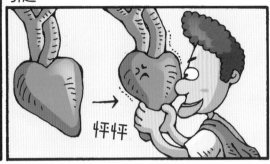

接下來，該介紹出生於以弗所的醫學家索蘭納斯了。

索蘭納斯
(西元2世紀左右)

他認為只要看到身體的樣子就可以知道是什麼疾病。

他是古代最早的婦科醫生，

寫過有關婦科和兒科的書。

我喜歡孩子。

他細緻的解釋了許多疾病，並研究合理的治療方法，

不要哭，孩子。
因為鼻黏膜上有壞東西，所以你才會……

還研究了纏繃帶的方法。

古代最後一位醫學家蓋倫出生於小亞細亞的別迦摩。

我就是這個孩子的父親。

蓋倫
(西元129
～199)

傳說他的父親被醫神阿斯克勒庇俄斯託夢,要求他將兒子培養為醫生。

把你的兒子培養成醫生。

是!

「蓋倫」是溫和的意思。

備受疼愛!

哎喲,我的兒子真聰明,將來一定很優秀。

是真的嗎?

他善於言談、個性活潑。

侃侃而談

沒錯,不愧是我的兒子……

但是,由於他性格傲慢、野心極大,因此有很多人厭惡他。

是不是太自以為是了?

走,別理他!

你們是看我的兒子太優秀而嫉妒他……

他學習了哲學、數學和醫學。

現在開始學解剖學。

這也是輕而易舉的事。

幹得好!加油!

他在亞歷山大城鑽研醫學九年。

我泡了蜂蜜水。讀書很累吧?

不累。像我這樣的天才怎麼會累呢?

蓋倫回到故鄉後，成為醫治鬥士的醫生。

他被槍刺穿了！

遵守秩序、排隊。我兒子不喜歡喧譁！

回到羅馬後，他成為奧里略皇帝的御醫。

比我還優雅……可惡。

由於遭到人們的嫉妒，四年後又離開。

從20歲開始寫書，儘管抄襲了不少別人的觀點，

雁過留名！

學者留書！

對，對。

但是他集希臘醫學之大成，寫出重量級的醫學書，因此得到極高的評價。

我的兒子就算什麼都不做，一樣會流芳百世的……

重質重量，讓後人無法超越。

他解剖動物，並依此類推到人體。

蓋倫是不是特別喜歡吃肉？

你這個傻瓜！這是用來解剖的。因為禁止解剖人體，所以……

嗯，多可惜！

狗、山羊、豬、猴子都可以，和人類差不多。

噓

他發展了解剖學。

腦內有血管網。這看起來很重要……

這個……人類也有嗎？

還有……猴子的手全是肌肉。

放開我！

人類的手還有血管……

嗷嗷～

105

在生理學上，蓋倫接受了希波克拉底的四元素、四性質、四體液說。

他認為埃拉西斯特拉圖斯提出的「元氣概念」是維持生命的重要過程。

他所說的元氣概念如下：

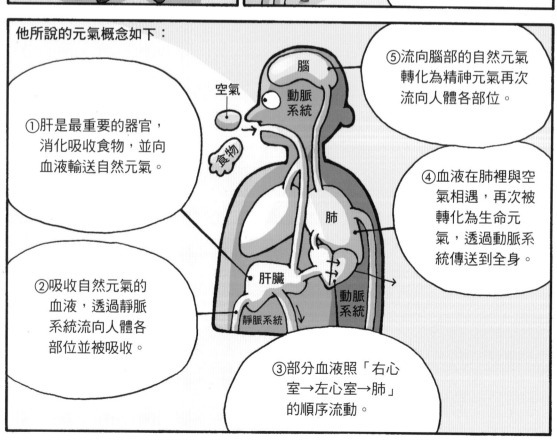

①肝是最重要的器官，消化吸收食物，並向血液輸送自然元氣。

②吸收自然元氣的血液，透過靜脈系統流向人體各部位並被吸收。

③部分血液照「右心室→左心室→肺」的順序流動。

④血液在肺裡與空氣相遇，再次被轉化為生命元氣，透過動脈系統傳送到全身。

⑤流向腦部的自然元氣轉化為精神元氣再次流向人體各部位。

蓋倫在生理學上最引起注意的，是對血液流動的詮釋。

對元氣的解釋先等等。

血液不斷流動該怎麼解釋呢？

從動脈流向靜脈……
從靜脈流向動脈……
孜孜不倦的流動……

孩子，吃過飯再想吧。你都瘦了。

就好像波浪……

唉？

這就是蓋倫的「血液潮汐說」。

對！血液也是液體，形容成「波浪」也不奇怪呀！

血液從動脈流向靜脈，就像波浪般湧動。

「血液潮汐說」又進一步靠近了血液循環理論。

它比現在的理論更具體……

由於蓋倫聲望極高，推翻這個錯誤的理論竟花了大約1500年。

血液潮汐說

雖然他無法正確解釋血液運動。

噓，不要說了！我的兒子有點小心眼。

但是他首創脈搏診斷，這一點相當了不起。

對啦對啦！孩子，想開點。

告訴他們，其實我還發現了尿液從尿道流向膀胱的過程。

蓋倫的醫學理論持續影響到17世紀。

能夠持續這麼久，是因為蓋倫「目的論」的思考方式。

所謂「目的論」就是在研究時，不著重在如何才會變成這樣，

而是著重在因為什麼變成這樣。

比方說，太陽為什麼存在？會回答的請舉手！

我的兒子真了不起，我的兒子……

如果叫我，就說我不在。

……

蓋倫同學，請回答。

因為人類沒有太陽就活不下去，為了讓人類生活，所以太陽存在。

那麼，為什麼會有腿呢？

當然是為了讓動物行走；魚會游泳，所以就不需要腿了。

一汪

那……人類為什麼要生存？動物為什麼要行走？

這就是神的意思。神想這樣，所以就這樣了！

……

蓋倫，你……

暈了！

哆哆嗦嗦

蓋倫的目的論受基督教和伊斯蘭教的認同。

真的很令人滿意。

你對我感到滿意也是神的旨意。

嗯嗯

蓋倫是現存著作最多的古代學者，共有83卷。

他在醫學的成就可以媲美托勒密的天文學。

對，沒錯。

心願足矣！

古代科學史就到蓋倫為止，降下了帷幕。

等一下，我兒子要做個總結。我兒子……

父親，等一下，你先冷靜一下。

古代科學萌芽於與自然界的鬥爭。

數學真好♪

從神話時代的魔術到希臘文化的科學。

今天會有多少顆星升起來呢？

有些科學與事實，是經過推理論證的。

你別擔心。纏得緊緊的。

有些知識與事實毫不相干，只是出於想像和理論。

影響科學的因素眾多，每當意識形態、社會環境發生變化，科學的價值觀也會發生變化。

呵呵！

是，是。

從非常實用的知識到純知識研究領域……

從古代起，就播下了所有科學的種子。

所以，這個時代的科學探索是從遭排斥或被遺忘的領域開始。

生氣了！

……

然而，在當時被稱為偉大的發現，後來卻成為發掘真相的阻礙。

不對！

蓋倫說是……

亞里斯多德是這樣說的……

絕對不可能！

某某人說……

我是其中一個。

古代科學史並不全是正確的知識。

重要的是了解當時的學者是用什麼方法、經歷了哪些失誤，才形成今天的知識。

啊！

噢，這個嘛…

到了中世紀，科學也發生了很大的變化……

讓我們一起跨入中世紀吧！

我也一起去！

歐洲科學發展就先介紹到這裡，
讓我們進到印度與伊斯蘭世界，
看看有哪些重要科學家吧！

印度的科學發展
沒有記錄的科學

4

古印度背景故事

★梵語：是古代印度的標準書面語，又稱為「雅語」，屬印度－雅利安語支。

已經發展到鐵器文明的雅利安族是游牧民族。

不僅擁有強大的武器，

還有馬拉戰車！

雅利安人以種姓制度來區別身分，被征服的土著成為奴隸。

婆羅門
(僧侶)

剎帝利
(武士)

吠舍
(農民、商人)

首陀羅
(奴隸)

種姓制度對印度人的生活影響很大。

不僅結婚這種大事要考慮到種姓，

吃飯也不能和不同種姓的人在一起。

還有，住的地方也不一樣。像你這樣的奴隸怎麼能到這裡來？

印度天文學

由宗教延伸的天文學

印度人非常重視祭祀神靈。

唉，神實在太多了！磕頭磕得腰痠背痛。

為了準確無誤的祭拜神靈，天文學應運而生。

簡單的說，就是要準確的知道祭祀的日期。

只要制定好曆法就可以了。

他們觀察日月，制定了一年360天的曆法。

還是把祭祀定在滿月到下輪滿月之間比較好。

天數還是不夠。

365.25－360＝？＃＃＠！～

於是，為了補足天數，每五、六年就增加一個月。

每五年增加一個月。

好耶！放假時間是不是也變長了？

印度人認為宇宙分成三部分。

地界

空界

天界

地球是球形的。

快幫我抓住它！

印度人認為太陽、月亮和行星像旋風，每天轉一圈。

所有星星的運動速度相同，利用旋轉周期來計算星星之間的距離。

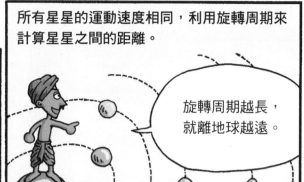

旋轉周期越長，就離地球越遠。

他們認為星星牽引著太陽和月亮。

就好像飛機的導航燈。

可是沒有繪製出星座圖，實在太不應該了。

快來呀！

這邊！

如果是你，你能把這些像信號燈的星星都繪成圖嗎？

他們對肉眼可見的五大行星沒有什麼興趣。

就像看見牛和雞一樣平常⋯⋯一直就在那裡發光而已⋯⋯

只有一點比較特別，就是他們為了解釋日蝕現象，假想了兩個行星。

名稱叫「計都」和「羅睺」。

它們位於太陽和月亮的相交軌跡上，雖然無法用肉眼看見，但正是由於這兩個行星，才會出現日蝕。

整體說來，印度人只注重實用的天文學。

知道其他星星有什麼用？可以當飯吃嗎？

例外的是，他們還知道幾個星座。

織女星←

心宿二星

角宿一星

你知道嗎？我們還幫星座取了名字呢。

織女星、角宿一星、心宿二星等。

印度的天文學家略懂美索不達米亞和希臘的天文學。

快學！

在西元前5世紀左右，波斯的阿契美尼德王朝入侵印度西北地區時，美索不達米亞的天文學傳入印度。

大概在西元2世紀左右，希臘的天文學和占星學傳入印度。

受其影響，印度的天文學家想要測量太陽和月亮的大小和距離。

測量有什麼用呢？

你這個傢伙！把計算數值再對照到天上。難道沒用？

印度的天文學家阿耶波多最終計算出結果。

喜帕恰斯……這個人真有意思。

阿耶波多
(西元476～550)

他以喜帕恰斯★的方法為基礎。

測量出影子的長度後……

請您講慢一點好嗎？

★關於喜帕恰斯的故事，請參考本書41頁。

計算出了月亮到太陽的距離。

我精確的算出從地球到月亮的距離，但是從地球到太陽的距離卻小了28倍。

我只是少算了10倍而已，你卻錯那麼多。都說青出於藍更勝於藍……哼！

阿耶波多認為地球每天都在轉動，

到底是什麼力量讓這麼大的地球轉動呢？

嗯，這個嘛，在100公里的上空有一股風……我也說不清楚……

但是，當時很多人不接受這種說法。

唉，只有心證沒有物證。

哈哈哈 哈哈

阿耶波多區分了漫長的時代，這是印度天文學的另一大特色。

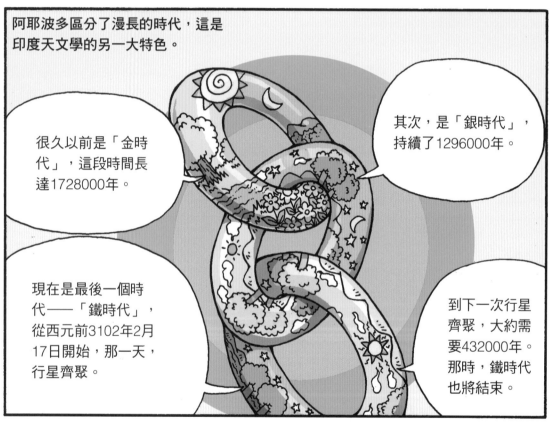

很久以前是「金時代」，這段時間長達1728000年。

其次，是「銀時代」，持續了1296000年。

現在是最後一個時代——「鐵時代」，從西元前3102年2月17日開始，那一天，行星齊聚。

到下一次行星齊聚，大約需要432000年。那時，鐵時代也將結束。

由於受宗教影響極深，

10^{25}年前，我們的神……

多到如海邊沙粒般無數年前，我們的神……

天文學家和數學家必須能夠計算很大的數字。

如果算錯了，會出大事的。

相信我吧，我來幫你！

印度數學

來自印度的
阿拉伯數字

印度的數學起源於實際應用。

從摩亨佐—達羅、哈拉帕等城市遺址中，可以發現數學發展的線索。

喂！廁所的寬度應該是多少？

不是屁股寬度的3倍嗎？

印度人使用十進位制。

手指是10個，腳趾也是10個。

最初使用的數字表示法，是利用薄薄的籌片*來表示楔形文字。

234

1、100和10000的位數是用直的籌片表示。

10和1000的位數是橫著排列。如果是5的話，就反過來放。

687

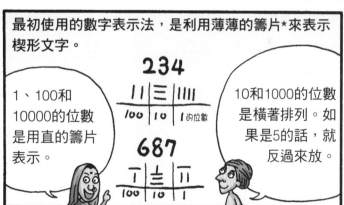

★籌片：照固定方式排列來表示數字的木片。

這些籌片所表示的數字雖然沒有依照10進位表示，

儘管這樣，如果想知道很大的數字，仍然非常吃力。

個、十、百、千、萬……

但在宗教概念中，類似10^{29}的大數字，只好用其他詞來表示。

那麼，嗯……既然無法計算，只好用其他方法來表示。

西元前2世紀，這些數字才變得和現在的阿拉伯數字一樣。

哦！我們現在使用的數字叫阿拉伯數字，大家都知道吧？

為什麼印度數字會被叫成阿拉伯數字呢？稍後再解釋。

印度在數學方面最大的成就是發展了位數的概念。

所謂的位數就是個、十、百、千、萬……這些數的位置。

大家都熟悉阿拉伯數字，現在和其他數字做個比較。

好，首先我們看一下美索不達米亞數字的表達方法。

美索不達米亞同時使用十進位制和六十進位制。60以下的數字用十進位制表示，60以上的數字用六十進位制來表示。計算起來是不是很麻煩？

60^2的位數　60的位數　5的位數

$(1 \times 60^2 + 12 \times 60 + 5 \times 1)$

I	→	1
V	→	5
X	→	10
L	→	50
C	→	100
D	→	500
M	→	1000

這是羅馬的數字表示法。羅馬人表示數字單位的符號不同。

| MMM | DCCC | LXX | VIIII |
| 3000 + | 800 + | 70 + | 9 |

嗯，羅馬數字的問題在於使用了字母，和文字一起寫時，無法分辨哪些是文字，哪些是數字。

如果想表示很大的數字就要創造新的符號，把這些大的符號繼續排列下去，這是很重要的問題。

表示10億的符號是什麼？

不知道！要不要造一個？

現在沒有可用的字母了，是不是把表示1000的「M」再使用上百萬次？

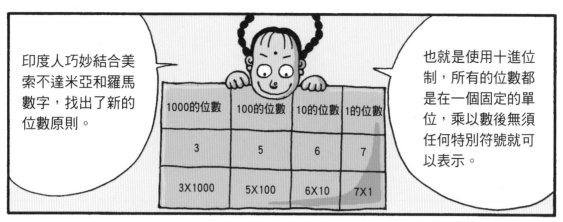

印度人巧妙結合美索不達米亞和羅馬數字，找出了新的位數原則。

1000的位數	100的位數	10的位數	1的位數
3	5	6	7
3X1000	5X100	6X10	7X1

也就是使用十進位制，所有的位數都是在一個固定的單位，乘以數後無須任何特別符號就可以表示。

這種表示法中，最重要的是順序。如果換一個位置的話……

就會產生很大的差異。

真的是很簡便的方法。只要有了位數，多大的數字都可以表示。

但是還有一個問題。

什麼？

並不是所有的位數上都有數字。

比方說，700個蘋果加3個蘋果，把這個數寫出來。

噢……7……3？怎麼辦？變成了73？

由於中間沒有數字，數字就是錯誤的。

想一下，怎樣解決這個難題呀？

或許大家都知道答案了，但是這問題卻困擾了學者幾百年。

對了！在那個位置上用一個符號表示沒有數字不就得了嗎？

正確！滿分！

最終，一個新符號誕生了。

就是「0」！

說得真好！

由於「0」的發現，印度數字的位數從此固定下來，並開始被廣泛使用。

哦，此外，印度數字有許多優點，易寫、易讀、便於計算……

說得好！再多誇誇我！

9世紀左右，花剌子密將印度數字推廣到伊斯蘭地區給阿拉伯人使用。

這是什麼好東西？

真的很簡單方便嗎？

阿拉伯人在12世紀將其傳入歐洲。

穆斯林都很會計算，是他們比較聰明嗎？

聽說是他們使用的數字讓他們變聰明。

由於歐洲人對穆斯林心存疑懼，16世紀才開始使用阿拉伯數字。

現在你知道為什麼叫「阿拉伯」數字了吧？

阿拉伯數字再簡單也不用。穆斯林是惡魔的後代！

是啊，真沒面子。絕對不用！

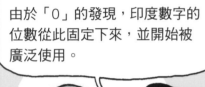

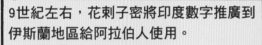

整體來看，印度代數的發展超過了幾何學。

我喜歡數字的浩瀚海洋。

幾何學之山

他們知道了畢達哥拉斯定理。

咦，直角三角形的斜邊與另外兩邊的長度有什麼關係呢？

不就是這些東西嗎？哪裡不明白？

……

他們還發明了小數點。

計算出了圓周率的小數點後4位數。

這沒什麼！

5世紀左右，開始涉及三角函數和球面三角學。

聽說過正弦和餘弦嗎？

呵呵呵

……

也太愛表現了……

印度出名的數學家都是天文學家。

記得我嗎？

阿耶波多
(西元476～550)

婆羅摩笈多
(西元598～665？)

他們發展了三角函數和代數方程式，這對天文學非常有用。

還推動了伊斯蘭科學的發展。

如果讓我們阿拉伯來評價印度數學的話……

基本概念很了不起，但不關心應用方面。不管怎麼說，我們都受益匪淺……

印度醫學
神聖的學問

雖然古代印度河流域文明在醫學方面沒有任何記載，

只有醫學沒有記載嗎？所有的學科都沒有記載吧！

從城市遺跡中可以看出，他們非常重視衛生。

不用懷疑，這就是最好的證據！

看看這些浴池和排水設施。

征服者雅利安人非常重視醫學，

豈止是重視？都把醫學當成是神聖的學問了。

在治療時，同時使用藥物、禱告文和符咒。

用法是不是太複雜了？

吃了藥、貼上這道符，然後默誦三十遍禱文，最後再跳舞。

他們透過觀察和經驗，發現疾病是會遺傳的。

難道……流鼻涕也會遺傳？

我們只是感冒。

哦，看來光頭和羊癲瘋好像是遺傳病……

還觀察到人會因季節變化而生病。

現在一定是傷寒流行的季節。

他們也認知到體內的某些物質會導致疾病。

雖然眼睛看不到，你體內那些彎彎曲曲的東西讓你生病了。

哎呀，別說了！只要想到這個就渾身不自在！

經過2000年不斷發現與積累，印度人最終寫成了《阿育吠陀》這部醫學全集。

其中最值得一看的是內科的《闍羅迦集》，

還有外科專著《妙聞集》。

西元2世紀左右成書的《闍羅迦集》受希臘文化的影響，同樣將生命過程分成三個階段。

這是按照亞里斯多德的三段論來劃分生命過程的。

氣、膽汁和黏液混合構成了肌肉、脂肪、血液、骨頭、骨髓、黏液，這些是支撐人體的物質。

如果這些物質的平衡被破壞，人就會生病。

→ 黏液維持的部分

→ 膽汁維持的部分

→ 氣維持的部分

他們將疾病大致區分為三種。

首先是「風病」，這是由於氣不平衡所引起的，主要發生在心臟部位。

「熱病」則是由肝、腸中的膽汁質所引起的。

「膽病」則是由黏液不調所引起的，主要發生在胃。

西元5世紀成書的《妙聞集》解釋了消化過程。

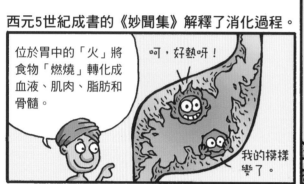

位於胃中的「火」將食物「燃燒」轉化成血液、肌肉、脂肪和骨髓。

呵，好熱呀！

我的模樣變了。

還介紹了121種外科器械。

刀跑到哪裡去了？

快點動手術吧！

書中也記錄了近代以前的外科手術。

從簡單的腹部手術到切除白內障。

手術室

還有縫合或切開血管等高難度手術。

更有意思的是，還記錄了蚊子會傳染瘧疾。

你就是傳染瘧疾的禍首吧？

嗡嗡嗡，這是我們公司的機密，你是怎麼知道的？

還有關於糖尿病患者排尿的記載。

真的很了不起。

印度化學
狂熱的鍊金術

印度的化學緣起於實際應用。

這裡不是市場嗎?哪裡有化學呀?

呵呵,看來你還差得遠哪!

生活用具不需要任何理論和研究,就可以製造出來。

這些陶瓷上了不同的彩釉。

玻璃製造。這些不是化學嗎?

他們在說什麼呀?

不知道。是在做問答題吧?

冶金術始於西元前10世紀。

抓好了!

叮叮

噹噹

到了西元4世紀左右,出現了一個引人注目的建築。

可能是特例,或是採用先進的技術。同一時代的西洋人不可能建造出這麼大的東西……不管怎麼說,真的很了不起。

位於德里印度教寺院裡的鐵柱,高7公尺,直徑30~40公分,重量超過6噸。

令人驚奇的是,經過1500年,鐵柱沒有任何銹斑。現代人也不清楚是什麼原因。

7世紀左右，印度教開始流行。

再也不能受佛教壓迫了，要拿出我們的本領。

我方選手出場！

隨著印度教魔幻內容流行，錬金術應運而生。

我還是認為獲勝的一方比較帥。

佛教 vs 印度教

魔幻真是新奇的體驗。

雖然印度的錬金術發展得比其他國家晚。

或說是參考了中國或希臘的錬金術，

但晚了一千多年，又有點說不通。

但是印度人非常著迷錬金術。

過去的人為什麼不喜歡這麼好的東西！

砰

砰

他們對長生不老藥不感興趣，主要沉迷於錬金本身。

因為價值觀和我們不同，才會這樣。

知道嗎？我們對世俗沒有太多煩惱。

死並沒有什麼可怕的。

印度鍊金術裡，水銀和硫黃的屬性與其他文明不同，也是一大特點。

水銀表示陽性，硫黃表示陰性。

有趣的是，在中國和希臘，水銀表示陰性，硫黃表示陽性，和印度剛好相反。

印度出名的鍊金術士是龍樹(他是人不是樹)。

龍樹
(西元前1700年左右)

他不僅使用常用的水銀，

還把植物的汁液和礦石運用到鍊金術中。

印度人認為植物的汁液可以溶解礦石。

由此可見，印度基本掌握了礦石和藥物鹼的知識。

鹼

鹼

到了11世紀以後，印度的鍊金術轉成魔幻之術，未能有進一步的發展。

甚至還出現了把水銀當作長生不老藥的宗教——水銀派。

畢竟是宗教國家呀！

水銀

此外，印度鍊金術中使用的器皿多產自東方，而不是希臘。

印度物理學

從自然現象發展的科學

為了解釋自然現象，印度人創造了「極微」理論，類似原子論。

飯是怎樣做成的呢？

這都不知道？把米洗好後用火煮熟的……

不是嗎？那麼是……農夫播下種子、培育稻子……

不是這個！我是在想米粒是怎樣變成這種味道和樣子的！

看，米粒不是可以弄碎嗎？

哦，親愛的，妳說了一件很了不起的事情……

這樣把米粒掰開，再掰開，直到再也無法掰開時，碎米粒就保存了米粒的某種特性。

哦！

「極微」最初是用來解釋灰塵的概念。

那麼不就變成非常非常小的物質了？眼睛也看不到的……

對。看不到卻明明存在的東西，就像在陽光下可以看到的灰塵。

西元前5世紀左右，阿耆多・翅舍欽婆羅將這些概念整理成理論。

自然界中有土、風、水、火、氣五種元素。來，找一下。

阿耆多・翅舍欽婆羅
（西元前1400年左右）

土、風、水、火四種元素存在於氣中。

世間萬物由這四種元素構成。

你是不是偷看我的東西？

哦，怎麼好像在哪裡聽過？

阿耆多・翅舍欽婆羅的理論經過後世的反覆修改，

不管怎麼說，你是抄襲的吧，是不是？

嘖，真討厭！

原子論

到了西元2世紀，初步有了原子論的雛形。

印度的原子論比希臘的更詳細。

對呀，每個宗教對原子論的誕生和解釋都不相同嘛。

原子論

前面提到的四種元素再也無法分割或消滅，

牢不可分！永生不滅！

它們具有味道、氣味、觸覺、顏色等屬性。

我特有的香氣！

我特有的色彩！

這些元素同類相聚……

嘿，哥們！擁抱一下！

這就是差別！

這樣結合的原子叫二價原子★，聚在一起就發揮作用。

★二價原子相當於一個單位的兩部分，又稱二分體。

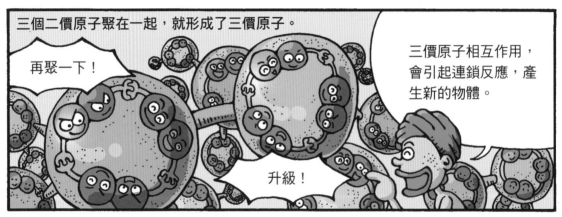

三個二價原子聚在一起，就形成了三價原子。

再聚一下！

三價原子相互作用，會引起連鎖反應，產生新的物體。

升級！

隨著最初排列順序的不同，形成各種不同的物質，它們的性質也不同。

好像有人站錯位置，是誰？

誰沒找到自己的位置？

不是大麥！要排成大米才對！

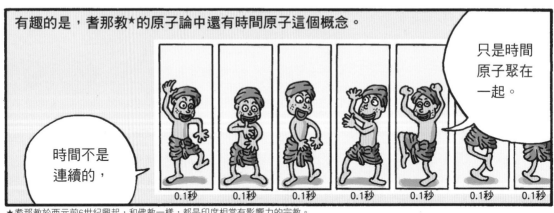

有趣的是，耆那教★的原子論中還有時間原子這個概念。

只是時間原子聚在一起。

時間不是連續的，

0.1秒　0.1秒　0.1秒　0.1秒　0.1秒　0.1秒　0.1秒

★耆那教於西元前6世紀興起，和佛教一樣，都是印度相當有影響力的宗教。

希臘的原子論和印度的原子論不同……

原子無條件

還記得這個牌子嗎？

印度人並不是把原子論應用在看不到的地方，而是重視解釋。

也就是說，要用原子論來解釋眼和器官觀察或感覺到的東西。

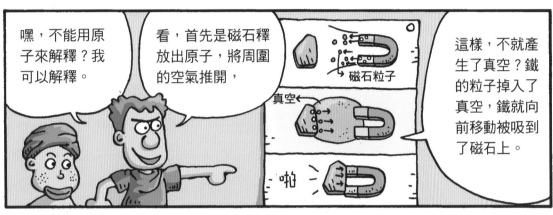

運動中的物體如果碰上障礙物會怎麼樣？

障礙物會抵消一些運動量，物體的速度就會降下來。

如果障礙物的力量大，物體就會停止運動。

也就是說，與物體的運動量相比，障礙物的力量更大，阻止了運動。

歐洲人直到14世紀仍然相信亞里斯多德錯誤的「物體重量與落下加速度成正比」運動理論。

亞里斯多德的名氣多大呀。

雖然好像有點不太對。

印度人的動量理論是相當領先的。

唔！

西元14世紀以後，歐洲的「運動理論」是否受到印度的影響，沒人知道。

別找藉口！這回是你們抄襲的吧？

我怎麼知道印度有這樣的理論？我又沒抄襲！

其實我也不是很清楚，反正又沒有證據。

5

伊斯蘭的科學發展
東西方文明結合的地區

古伊斯蘭背景故事

流浪曠野的伊斯蘭人很窮。

喔耶～沒有什麼東西就輕鬆多了。

但是他們在100年間就建立了廣大的伊斯蘭帝國。

我也覺得很奇妙耶。

波斯和拜占庭之間長久的戰爭帶來很大的影響。

大海變成戰場，害我們無法安全的運送東西！

我們這次開發了穿越沙漠的路線，很輕鬆呢。

駱駝商隊使沙漠地區變得熱絡。

到處都有人。

出現了一些貿易都市。

這種情況下，領袖穆罕默德出現了。

我就是被天使選為神的先知！

他身為宗教兼政治的領袖，促使伊斯蘭人團結起來。

而且《古蘭經》★保證了伊斯蘭教徒之間的平等。

公職幾乎不會世襲。

只要有能力，不管誰都可以當高位公職。

★《古蘭經》：伊斯蘭教的經典。

很多學者為避免天主教的迫害逃到伊斯蘭。

沒有地方去，就來這裡吧！我們歡迎頭腦聰明的人。

謝謝。

最高領袖哈里發★鼓勵研究學問。

既然你接納我們，我們就把希臘語書籍翻譯給你看好了。

好呀。我們從占領地帶了很多書回來，卻看不懂呢。

對了！我幫你們建造研究中心，你們認真做研究好嗎？

★哈里發：宗教領袖兼國王，伊斯蘭話的意思是「繼承人」。

伊斯蘭的學術發展蓬勃，而且從古代流傳到中世紀。

要不是我們，希臘文化早已經不存在了，也不會有文藝復興。

謝謝你們。

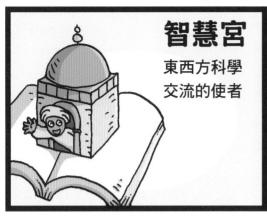

智慧宮

東西方科學
交流的使者

伊斯蘭教和基督教相比,對思想的箝制較少。

……

閉上眼!
摀住耳朵!

經歷了西元634年到750年間的長期戰爭,

伍麥亞王朝被趕到了西班牙哥多華,和平到來了。

在這段期間,拚命擴張領土的伍麥亞王朝被重視和平與技術的阿拔斯王朝取代。

伊斯蘭的領袖在《古蘭經》允許的範圍內,認真學習異域文化。

再來一份印度和波斯的天文學!

先知穆罕默德臨終前還教導我們要探索知識。

再來一份希臘的數學!

在首都巴格達,對拜火教[1]、猶太教[2]、基督教的學者一視同仁,不論何種信仰都可以被錄用。

喲,真是人種各異呀。

呵呵

但有一點相同的是,他們都著書並將其翻譯成阿拉伯語。

阿拔斯王朝第七代哈里發馬蒙在西元813年登上王位……

1 拜火教是將火視為唯一神靈的古代波斯宗教。　2 猶太教是信仰唯一上帝耶和華的以色列民族宗教。

馬蒙是哲學家和神學家，支持伊斯蘭信徒的「純淨運動」。

在遵循希臘邏輯的基礎上，重視理性和論證的運動。

所謂「純淨運動」，就是透過討論來研究信仰和教義。

富有邏輯和自由的討論

在這種環境下，激發了人們對希臘學問的渴求。

再多給一些選擇！

馬蒙蓋了「智慧宮」，並讓學者負責希臘語的翻譯工作。

要蓋得和柏拉圖的學校一樣。

他還派出了特使到拜占庭帝國求訪希臘古代經典。

是，我一定張大眼睛仔細尋訪！

把我們沒有的東西都拿過來！

他設立了許多獎金，為了支持翻譯書籍的工作。

當學者真好，對吧？

穆斯林很認同希臘學問，除了崇尚學術，還有另一個原因……

就是去當希臘人的傭兵。

去過很多地方……
當然也去過希臘好
幾次……

從游牧時期開始，穆斯林就開始學習和了解希臘和羅馬文化。

當傭兵不能只顧打
仗，也要學習。

智慧宮翻譯的書籍大多與科學和哲學有關。

你覺得希臘歷
史好看嗎？

我們的文化中就有
許多神話傳說，沒
有必要翻譯喜劇和
詩歌。

還記得著名
的《一千零
一夜》嗎？

當時，有個著名的翻譯家叫侯奈
因·伊本·伊斯哈格。

侯奈因·伊
本·伊斯哈格
(西元807～877)

他和許多人一起翻譯希臘科學著作。

主要翻譯了蓋倫、
希波克拉底、歐幾
里德和亞里斯多德
的書，共100多卷。

如果翻譯中有敘利亞語★時，他會直接使用，但會與希臘語
仔細對照。

這是非常現代的
文獻評論方法。

把敘利亞語翻譯成
阿拉伯語雖然很容
易，但還是要確認
正確性。

★西元前8世紀後，美索不達米亞北部使用敘利亞語作為貿易用語。

與侯奈因·伊本·伊斯哈格齊名的另一位翻譯家是塔比·伊本·庫拉。

塔比·伊本·庫拉
(西元836〜901)

他也是數學家,研究了拋物線和旋轉拋物線面積。

他在巴格達成立了翻譯學校。

塔比·伊本·庫拉
翻譯學校

他和弟子致力於希臘科學書籍的翻譯和研究。

主要是阿波羅尼斯、阿基米德、歐幾里德、托勒密的著作。

由於只有阿拉伯語譯本,阿波羅尼斯的圓曲線理論成了寶貴的資料。

西元829年,馬蒙建了天文台。

讓天文學者驗證外來的天文學理論。

這本書寫的是事實嗎?

好像是的。

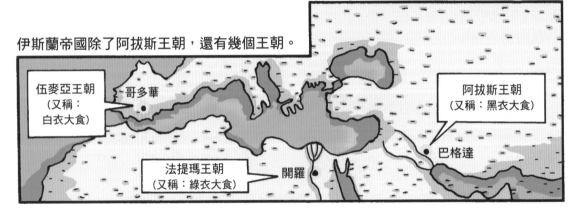

伊斯蘭帝國除了阿拔斯王朝,還有幾個王朝。

伍麥亞王朝
(又稱:白衣大食)

哥多華

阿拔斯王朝
(又稱:黑衣大食)

巴格達

法提瑪王朝
(又稱:綠衣大食)

開羅

這些王朝都在首都建了學術研究機構和圖書館。

在這些王朝的支持下，伊斯蘭的科學發展達到中世紀的高峰。

在這樣的環境下，怎麼可能不發展？

穆斯林的學習不局限於翻譯和保存希臘著作。

啊

還重新分析了希臘著作，並加以改進。

發現了瑕疵！

哦？這個計算錯了。

後來，這些著作再傳回歐洲，對歐洲文化影響很大。

西洋科學大多受到伊斯蘭文化的影響。

乙醇和鹼這些我們常用的詞就翻譯自阿拉伯語。

穆斯林把中國古代四大發明傳入歐洲，成為東西方文化的使者。

四大發明傳到歐洲後，改變了世界文明史。

四大發明是造紙術、火藥、指南針和印刷術，是中國發明的。

伊斯蘭生物學

從生物中，
領略神的智慧

伊斯蘭的生物學受到希臘、波斯和印度文化的影響，

其中，植物學主要應用在醫學和農業。

但能否栽培，以及是否可以入藥更為重要。

區分植物的標準在於能否食用。

雖說生長地、生態、外形很重要……

10世紀初，伊本·瓦赫什亞編寫的農業書是忠於事實的代表書籍。

書名是《納巴提埃農書》，主要是有關農業和迷信的書。

12世紀後期，伊本·阿爾·阿瓦姆編寫了《農業書》。

嗯，這本書記載了588種栽培植物，是用阿拉伯語書寫，最出名的植物書。

13世紀初，伊本·魯爾·拜塔爾寫了一本《藥草集》。

這本書是獻給大馬士革國王的禮物。

記錄了大約4100種藥物並將其分類。

但是在當時，也有人反對植物學這種實用立場。

我無法容忍自己和別人一樣！

誰不是呢？

歷史學家阿爾‧迪奈瓦里在9世紀寫的《植物書》便是其一。

歷史學家研究歷史的同時，

還詳細記載了哲學和植物的相關事實。

還有一本就是精誠兄弟會在西元983年左右完成的《精誠兄弟會典》。

我們是政治、宗教、哲學祕密組織。

記住我們吧！

精誠兄弟會融合了基督教、敘利亞、印度和希臘文化，寫出這本百科辭典。

融合一切！知道得越多越好。

越多越好！

他們追求鍊金術和神祕科學，

宇宙真的很神祕！想要解開這個祕密，

解開祕密？

主張盡量掌握自然科學。

首先要多多觀察，不對嗎？

越多越好！

他們研究植物的構造、形態和生長。

莖的構造是這樣的。

噢，是這樣的呀！

這本百科辭典由52篇論文組成，其中有17篇是有關自然科學的。

此外，還有關於數學、邏輯學、形上學、神祕論、占星術的論文。

最有名的還是有關植物生長的形態學。

在動物的生態和活動方面，穆斯林積累了很多經驗。

還用多說嗎？家畜是我全部的財產。

8世紀左右，他們寫的書主要關於駱駝和馬。

說到駱駝，我可是第一個寫牠的呀！

先從了解的寫起！

伊斯蘭教認為，動物也是真主的被造物，作為萬物之首的人類有保護、照顧這些動物的義務。

動物和人類是命運共同體。

動物的存在是領悟神的智慧和人類義務，對人是有教育意義的。

你要好好學！

宗教文獻中也多次提到動物。

哦，動物大部分是教育意義的象徵。

大致來說，穆斯林並沒有動物學的觀點。

豈只是動物學，植物學也一樣……

動物學書籍大多具有百科全書的特點。

到了13、14世紀以後，出現了以動物學為主的百科全書。

百科全書的作者客觀的介紹了各國的動物。

這種動物怎麼從沒見過……

是印度的動物。

他們還依照亞里斯多德的分類法將動物分類。

百科全書中記載了動物的生長地、繁殖方式及人們對動物的觀感。

這些百科全書還記錄了解剖內臟的手術。

他們得到的結論是，大部分的動物形態都是「神的設計」。

最特別的地方是按運動方式將動物分成四類。

11世紀的伊本‧西那和12世紀的伊本‧路西德都對靜脈進行了論述。

伊本‧西那

兩人都是醫學家，也都很推崇亞里斯多德。

伊本‧西那在生理學方面較為優秀。

伊本‧路西德

13世紀，阿爾‧卡吉尼按照動物的防衛方式重新分類。

我用牙齒來保護自己。

我用善於奔跑的腿……

我用刺……

呵呵……有意思，還有別的嗎？

14世紀的阿爾‧帕里什的代表著作是伊斯蘭動物學的書籍。

綜合了所有的研究。

還出了精簡本。

這本書不僅有實際研究的內容，還有宗教內容。

這本書很受歡迎，還被譯成了波斯語和土耳其語。

阿爾‧帕里什

阿爾‧帕里什

伊斯蘭醫學

兼具理論與實務的科學

因為希臘醫學傳入，使伊斯蘭醫學得以發展。

蓋倫、埃拉西斯特拉圖斯、赫洛菲洛斯……

統治者為了做慈善事業，建立了很多醫院，這也是醫學發展的主因。

伊斯蘭至少有34間大型醫院。

有藥局和圖書館。

這些醫院的設計非常現代。

腹瀉病

藥房

外科

眼病

圖書館

疑難雜症

考試合格才領有醫療執照，外傷治療人員也要定期考核。

患者生病無法工作時，可領5個金幣作為生活補助。

很類似現代的醫療保險，是非常先進的制度。

醫生在醫院積累觀察、獲得經驗，自然醫學也得到發展。

再張大些！

塔巴里在哈里發的宮殿裡編寫百科全書。

今天寫了多少？

這……這個嘛……

他主要研究印度和希臘醫學。

哎喲，你以為在宮殿裡工作會很享受，其實像被人監視……

你是說他還沒寫完嗎？

塔巴里的學生拉齊是伊斯蘭最著名的臨床醫生。

大概是在百科全書中寫了一些有關醫學的內容，翻譯成其他語言後，就被當成醫學家。

拉齊
（西元865～923？）

不對不對！像我這樣的醫生才是真正的醫學家！

你對我有什麼意見？

智慧宮

他是綜合醫院的負責人，也是個平等主義者、哲學家，但對宗教非常消極。

一天祈禱五次有什麼用？

所謂的宗教領袖就是利用人們的信仰來挑起戰爭！不好不好！

該遭天譴的傢伙！

他不相信奇蹟。

啊！天譴？真的有人相信？真是胡說八道！

不行不行！要把這些寫成書讓更多的人知道！

他認為科學家比宗教領袖重要。

社會需要的是像歐幾里德、希波克拉底這些科學家，就是這樣！

同時，他也不放棄對科學的批評。

我會無條件的相信科學？並不是！

我是個理性的人。科學是不斷發展的……

不行，要像亞里斯多德和蓋倫那樣……

什麼？把一千多年前寫的書視為權威，憑什麼？

我最討厭聽到「某某最有權威」之類的話！

哎喲……脖子痛也可以寫成書？

質疑蓋倫！

拉齊率先倡導理性主義，反對宗教讓他的人氣大跌。

因為……我討厭宗教！

這傢伙！

我也討厭你！

但是他是個優秀的醫生。

你能區分麻疹和天花嗎？

那麼，你能寫出這樣有用的書嗎？

同時，他也是化學家，是醫藥化學的先驅。

將礦物質分類。

我想把這個當成藥物，這個不能吃嗎？

同一時代，另一位著名的醫學家是伊本·西那。

第154頁有提過我。

伊本·西那
(西元980～1037)

伊本·西那10歲時，可以背誦《古蘭經》，被稱為神童。

琅琅上口

哦，沒什麼可教的了。

當時，伊斯蘭帝國已經分裂，彼此爭鬥不休，伊本·西那曾為很多國王效力，名利雙收。

你不必擔心，好好從事研究工作吧。

謝謝……

伊本·西那也經歷過無數次凶險。

……

謝謝。

他還是著名的思想家，同時在臨床醫學領域也很出名。

這些只有我知道，像肺結核是傳染病……

水和土壤如果受到污染會導致傳染病蔓延，還有……

他著有號稱醫學百科全書的《醫典》，共5卷。

普通原理

氣管病

罕見疾病

單一藥物

合成藥物

這些都是兼具理論和實務的書。哦，好像有點自賣自誇……

這本書太有名了，卻阻礙了後來的醫學發展。

當然了，還有誰能比伊本·西那寫得更好？

參考這本書就足夠了。

這些懶惰鬼……

直到1650年，歐洲還一直把這本書當教材。

庫弗是伊斯蘭外科醫生中著作最多的人。

好痛呀～

沒有什麼，職業是軍醫，對外科當然會懂得多一些。

庫弗
（西元13世紀左右）

他還發現了毛細血管。

眾所周知，毛細血管是連接小動脈和小靜脈的血管。

主要用來交換氣體，有分泌和吸收功能，肺、肝、心臟的毛細血管特別多。

當時沒有顯微鏡，發現它確實有些困難，不過我還是做到了。

毛細血管 —— ↑ —— 細胞

伊本·納菲斯是埃及馬穆魯克王朝的統治者嘉拉溫的御醫。

國王，早上好。

……

伊本·納菲斯
（西元1210～1288）

他還負責訓練醫生。

不是那樣！

要這樣做！

嚓嚓

嚓嚓～

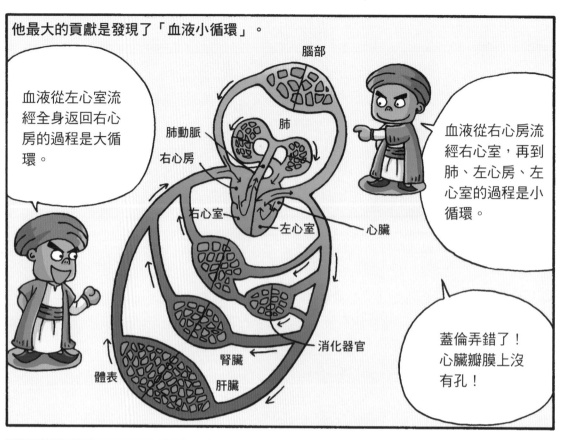

他最大的貢獻是發現了「血液小循環」。

血液從左心室流經全身返回右心房的過程是大循環。

腦部

肺

肺動脈

右心房

右心室

左心室

心臟

血液從右心房流經右心室，再到肺、左心房、左心室的過程是小循環。

消化器官

腎臟

體表

肝臟

蓋倫弄錯了！心臟瓣膜上沒有孔！

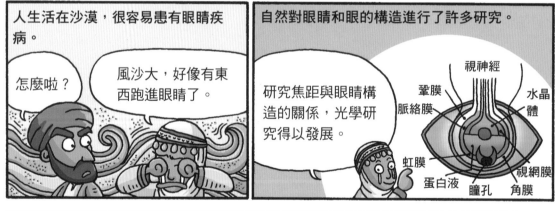

人生活在沙漠，很容易患有眼睛疾病。

怎麼啦？

風沙大，好像有東西跑進眼睛了。

自然對眼睛和眼的構造進行了許多研究。

研究焦距與眼睛構造的關係，光學研究得以發展。

視神經

鞏膜

脈絡膜

水晶體

虹膜

蛋白液

瞳孔

視網膜

角膜

哈里發·伊本·艾比·麥克西尼是著名的眼科醫生。

哦，名字也太長了一些，是吧？

哈里發·伊本·艾比·麥克西尼
(西元13世紀左右)

他寫了眼部解剖學和治療眼睛疾病的專著——《眼藥全書》。

主要是治療眼睛疾病的書，呵呵。

書中介紹了當時治療眼睛疾病的各種器械。

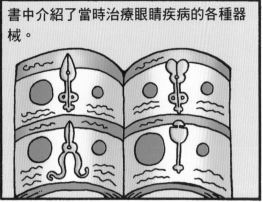

此外，伊斯蘭醫生還重視精神治療。

從宗教方面來說，最好的「藥」是《古蘭經》。

他們認為心理平靜是非常重要的。

要從國家層面出發，對精神病患者給予人道主義的關懷。

雖說解剖學未能發展，

我們的性格不適合進行解剖工作。

那麼誰的性格適合研究這個呢？

但是，他們發現不少希臘沒有的疾病和治療方法。

舉例來說，比如胃癌，

我們有用火治療傷口的「燒灼法」，還發現了止血劑的功效。

外科手術非常發達。

痔瘡和脫臼屬於外科疾病，這可以理解。

頭痛和癲癇也要動手術？

伊斯蘭物理學

研究光的祕密

中世紀研究物理學的穆斯林學者並不多。

仔細查了一下，有三個人。

塔比・伊本・庫拉翻譯了阿基米德的著作。

塔比・伊本・庫拉
（西元836～901）

我是不是出場太多次了？

阿基米德

他說明了滑輪和雙臂秤的基本原理。

還寫了有關物體平衡和秤的原理方面的書。

伊本・海賽姆(也譯為海什木)是中世紀時期，活躍於開羅最有名的物理學者。

我出場只是序曲，現在開始是正文了。

伊本・海賽姆
（西元965～1039）

他曾經主張製造裝置，用以調節尼羅河水量、防止河水氾濫。

利用水力學★，適當調節河水，可以降低河水氾濫造成的損失。

亂用專業術語使他們信服！

雖然聽不太懂，但是說自己不懂豈不是太丟人了，只能裝內行！

嗯，好吧，那就試一試吧！

★水力學：將液體(特別是水)的力學特性應用到工學的學科。

但是因為未能完成工程，國王大怒，判處他死刑。

馬上把這個傢伙抓起來！

他不得不藉由裝瘋來逃過劫難。

本來是個很聰明的青年，唉……

演技？這也很有意思，研究一下？

他全面研究了光學。

首先，從最簡單的開始！眼睛的生理學……

他首次用光學來解釋人的視覺。

視覺是物體在眼睛的水晶體上所形成的映像。

水晶體

視神經

被視神經感應而後形成的

在眼睛解剖學方面，他也表現出色。

現今，眼部構造和名稱大多是蓋倫命名。

也有幾個是伊本·海賽姆命名的。

角膜和視網膜就是伊本·海賽姆的著作被翻譯成拉丁語時新創的詞。

他還觀察光並進行區分。

光是光源發散出的一種東西。

這是一次散射。

還有，像反射一樣，物體反射的光是二次散射。

163

二次散射比一次散射要弱得多！對，就是這樣！

但是，這兩次散射都是以球面模式向外發散的。

他還研究了各種反射。

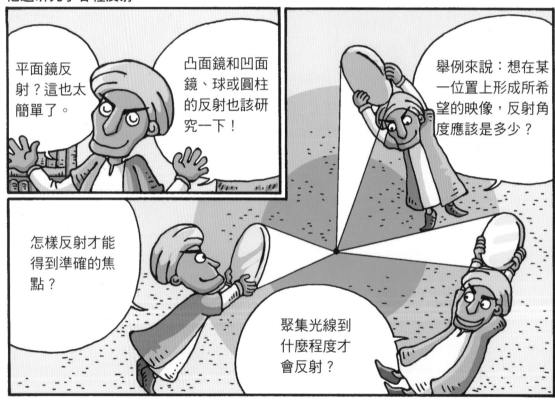

平面鏡反射？這也太簡單了。

凸面鏡和凹面鏡、球或圓柱的反射也該研究一下！

舉例來說：想在某一位置上形成所希望的映像，反射角度應該是多少？

怎樣反射才能得到準確的焦點？

聚集光線到什麼程度才會反射？

他還研究了折射現象，

同一種物體透過不同媒質★，入射角和折射角會成一定比例。

入射角
折射角

並發現托勒密提出的折射法則並不是普遍適用的。

不是每次都這樣！只在入射角較小的時候才適用。

你問我怎麼知道的？

★媒質：將振動或物理作用從一處傳導到另一處的媒介，比方說空氣和水等就是不同的媒質。

他還製造了測量折射角的裝置。

就是利用這個儀器，我才知道的。

先用銅做個球狀板，在內周畫上刻度線。

旁邊有一個可以透光的小孔。

在中間架一塊板，中間也有一個孔。

再把這個儀器浸到水中，水剛好蓋過一半。

光線透過兩個孔照進來，就可以從圓板上的刻度讀出折射的角度。

折射角

伊本·海賽姆還研究了自然界中出現的折射。

啊！晚霞多麼美啊！看那紅紅的太陽。

太陽升起和落下時為什麼看起來有點扁？

……

這是因為太陽光經過地球周圍的大氣層時發生了折射，多學著點啊。

觀測到「曙暮光現象」，還測量了地球大氣的高度。

「曙暮光」是指太陽升起前或落下後的一段時間內，天空仍是明亮的現象。

這種現象在太陽處在地平線以下、與地平線成19度角之內才會出現。

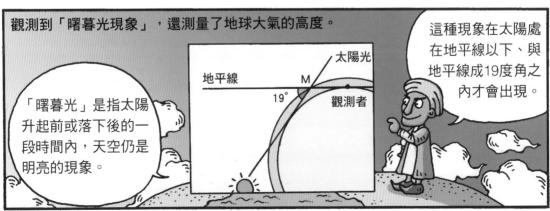

太陽光

地平線　　　　　M

19°　　　觀測者

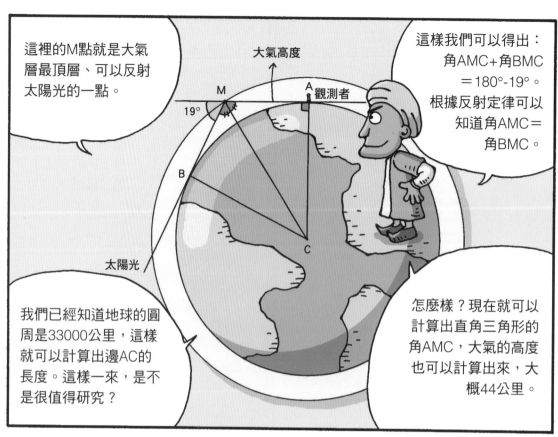

這裡的M點就是大氣層最頂層、可以反射太陽光的一點。

大氣高度

M

19°

A 觀測者

B

C

太陽光

這樣我們可以得出：
角AMC+角BMC
＝180°-19°。
根據反射定律可以知道角AMC＝角BMC。

我們已經知道地球的圓周是33000公里，這樣就可以計算出邊AC的長度。這樣一來，是不是很值得研究？

怎麼樣？現在就可以計算出直角三角形的角AMC，大氣的高度也可以計算出來，大概44公里。

哈齊尼是個教師，也是禁慾主義者和神祕主義者。他以實用的態度來研究物理學。

你怎麼就立不起來？

哈齊尼
（西元17世紀左右）

他對測量重量和如何應用軸很感興趣。

書的名字就叫《均衡的智慧》。

他還寫了使用天秤和利用不同液體來測量重量的書。

使用不同液體的比重表，做起來會容易得多。

主要是用來測量貴金屬中不純物質的含量和寶石的重量。

這是一本有關油壓★均衡的書。

班訓：均衡

同學們！安靜！

★油壓：指利用油液來傳導壓力，使活塞等動力機械運轉。

伊斯蘭化學
勤奮的鍊金術士

很明顯，伊斯蘭的鍊金術受到了希臘的影響。

真的嗎？

哦，看這個！鍊金的方法……

同時，也受到印度和中國的影響。

同時接受東西方文化是伊斯蘭科學的一大特徵。

特別是中國的鍊金術，更重視鍊「長生不老藥」。

比起過去，伊斯蘭的鍊金術獲得了空前的成就。

您認為鍊金術得到發展的祕訣是什麼？

噢，大概是我們比希臘的學者更加勤奮，特別是在實驗方面。

伊斯蘭鍊金術士中的代表學者是扎比爾·伊本·海揚。

扎比爾·伊本·海揚
(西元721？～815？)

我的研究也是從亞里斯多德的元素論出發的。

他認為金屬基本上是由硫黃和水銀結合而成的。

金屬裡硫黃和水銀的比例不同，決定了金屬的性質。

金屬
硫黃
水銀
基本四元素

……

後來呢？

嗯？我說到哪兒啦？哦，接下來就是鍊金術士要先了解金屬中硫黃和水銀的比例是多少……

吃飯時間到了吧？肚子有點餓。然後，按照得出的比例來調節性質……

每種成分的比例是很重要的。

奇怪?才剛吃完飯沒多久……是少量了?

看來,重要的是正確的量。

是正確的飯量嗎?哦,不對,是硫黃和水銀的含量嗎?

等一下,弄混了。把鉛分解成硫黃和水銀後,調節它們的量……

真是的!靜下來什麼聲音都聽得到了。把鉛分解成的硫黃和水銀比例調成與合金相同的比例。鉛就變成了金。

咕嚕嚕

這樣?就這些嗎?

當然不是啦。在這個過程中要加入「哲人石」這種藥粉。

可是這個東西我還沒有研發出來。

是這樣啊!

安靜!真正重要的是操作蒸餾器的過程,要得出正確的成分比。

咕嘟咕嘟

咦,這有什麼重要的?「哲人石」還沒有研發出來呢?

砰!

看,都怪你和我說話才會這樣。想要成功就要不斷實驗,才能知道正確的量和操作過程。

你的恢復力真強

沒什麼,爆炸是常有的事。這樣的實驗我做過700多次呢。

那不是爆炸了700多次？

倒也不是。記錄下成功的方法後，下次就會方便許多。

看，這是我的實驗記錄本，字寫得很漂亮吧？

這裡有蒸餾食醋製作出醋酸的方法……啊，剛才這裡還有一塊麵包呢……

扎比爾·伊本·海揚相信金屬中存在著數祕學★。

1、3、5、8按數列展開相加時，就可以得出理解世界構造的鑰匙「7」的四個性質。

我現在才知道你是了不起的幻想家。

他的著作都充滿了神祕色彩。

還是先把「哲人石」的製作方法告訴我吧。

你想一下，要是不神祕，豈不是任何人都可以鍊出金子來？(偏不告訴你。)

★數祕學：認為事物本性和宇宙秩序的祕密都包含在數字裡。

除了他，伊斯蘭科學界的學者都對鍊金術很感興趣。

我是金屬學者，因為鍊金術而對金屬很了解，所以想請教……

我是研究石頭的人，怎樣才能熔化石頭……

好像都和鍊金術有著不可分割的關係……

從醫學的角度來看……鍊金術……

但是，其中有兩位著名醫學家的態度明顯不同。

伊本·西那　　拉齊

我不相信神祕主義！

也不相信金屬轉換！

我也不相信神祕主義……

但金屬轉換好像是有可能的……

不管怎樣，化學技術對製藥好像很有用，還是學一下吧。

伊斯蘭地理學

一步一腳印的地圖

與希臘相比，遠古時代的伊斯蘭地理學沒有新的理論。

個子差不多……

什麼呀！沒見我塊頭大了不少嗎？

不過，隨著伊斯蘭國士不斷擴大，與外界的交流增多，地理學的新資訊也變多，

商業交流，

外交、旅行、

與軍事相關的活動，

還有宗教傳播等，蒐集而來世界各地的訊息不斷增多……

因而奠定了近代地理學新的基礎。

不僅有亞洲，還有非洲的地理知識。

比起只知道地中海的希臘和歐洲，豐富許多。

加上伊斯蘭信徒的宗教特性，想出了辨別方向的方法。

我們伊斯蘭信徒每天都要面向聖地麥加的方向朝拜。

在旅行途中也要做禮拜，要知道麥加在哪個方向才行。

到處都是沙漠，怎麼才能找到方向？

所以，記載如何尋找麥加的《麥加方向》(或朝拜方向)一書問世了。

穆斯林孜孜不倦的製作地圖、寫遊記，也受到人們的推崇。

對伊斯蘭信徒來說，一生當中一定要去聖地參拜，這既是義務也是心願。

所以聖地巡拜的遊記、指南書很受歡迎。

這是新出的書，還附加了許多捷徑和乾淨旅館的介紹。

有系統的地理學書籍是在馬蒙建立「智慧宮」後出現的。

要說到智慧宮，絕對不能少了我。

參考希臘和印度的資料，

他們使用的羅馬尺單位讓人看不懂，還是要自己直接測量。

為了算出地球的大小，馬蒙命令「智慧宮」的學者測量緯度的間隔。

第一組向北前進1緯度的距離，觀測太陽並進行測量。

第二組向南前進1緯度的距離。

兩個測量結果基本相同，一個緯度的距離是56$\frac{2}{3}$阿拉伯里。

什麼時候吃飯？

1組

2組

我買了蜂蜜！

1阿拉伯里相當於2公里。

馬蘇第對伊斯蘭地理學有很大的貢獻。他是第一位以科學觀點看待過去的歷史學家。

真正的知識是透過體驗和觀察而來的。

馬蘇第
(西元？～957)

不管怎樣，就是要實際去做，我說的就是這個意思。

歷史學也一樣！要想正確的研究歷史，不要只看別人所寫的，還要從原始資料著手。

他認為要研究歷史學，首先要了解地理。

地理環境對動植物的生態影響很大。

也會明顯改變人類的生活。

| 沙漠 | 少雨 | 農業荒廢 | 游牧 |

所以說，想要研究好歷史，先要研究好地理學。

他糾正了當時地理學中的許多錯誤。

麥加當然是世界的中心。

地理學只要能證實《古蘭經》的說法不就好了？為了生活，大家都這麼忙。

完全不必理會這些話。

他接受經驗之談。

這個嘛，托勒密的書中可沒有這麼寫……

我們乘船四處遊歷才知道南面的海沒有邊界。

由於馬蘇第對周邊世界的關注，被譽為「伊斯蘭的老普林尼★」。

我的意思是：我們要切實的學習。

★老普林尼：古代羅馬的博物學者。博物學是動物學、植物學、礦物學、地質學等的統稱。關於老普林尼的故事，請見本書62頁。

接著，要介紹的是地理學者——比魯尼，他還寫了《印度遊記》。

比魯尼
(西元973～1048)

在旅遊時，他不僅記錄了所見所聞，

道路和建築這些大家都可以看得見。

還細緻的觀察、記錄了社會、體制、宗教和科學。

只要有心就可以知道更多。

例如印度種姓制度的影響……

哦……印度的廁所文化，也是應該被關注的大事。

他還利用幾何學求緯度。

首先比較測量值和兩條基本緯線間的距離。

利用幾何學來證明它們的關係。

所以我製作的經緯度是出了名的精確。

他登上已知高度的山來測量水平線的俯角★，用這種方法計算地球的圓周。

換句話說，就是在山頂測量出俯視水平線的角度(俯角)。

知道角度後，根據山頂的高度和地球的半徑進行三角運算，就可以算出地球的圓周。

山

地平線

從山頂引出的垂直線

視線

地心

地球的半徑

★俯角：也就是下視角、俯視角。

173

製作地圖的人——穆罕默德·伊德里西，出生在擁有王位繼承權的家族。

穆罕默德·伊德里西
(西元1100～1165)

但是，他一生中，大部分的時間不得不在非伊斯蘭國家度過。

因為在伊斯蘭國家，他極有可能被暗殺。

沒事，沒事，都怪我生到好人家了。

他從16歲開始流浪，去過小亞細亞、歐洲，還去過英國。

出發

摩洛哥

不行，在別人還不知道我們在這裡之前，要趕快離開。

你看起來很累，我們休息一下再走，好吧？

西西里國王羅傑二世讓他在巴勒摩定居。

總不能一輩子在外頭流浪吧？我幫你準備了住處……

雖然我很喜歡流浪生活，但陛下如果真的希望，我……

羅傑二世讓穆罕默德·伊德里西負責製作新的地圖。

你到處遊歷，看來你是最適合的人選。

就算您不叫我負責，我也會幫忙的。您這樣重用我……

他派出武士到各地蒐集情報，

重任在肩，不得不認真……

再把這些情報仔細加以分類、製成了地圖。

這個地圖主要以人類生活的地區，也就是北半球為主，還按照氣候帶分類。

雖說穆罕默德‧伊德里西的工作並沒有新意，

你說什麼？

那是當然。因為他只是結合希臘和伊斯蘭現有的東西而已。

但是他非常認真工作。

遺憾的是，地圖大多失傳了。

沒什麼，沒什麼，我又不是為了得到表揚才去做的。

庫布寫了一本地球書，記錄在小亞細亞旅遊的經歷。

庫布
(西元13世紀左右)

他非常注重科學。

曾在伊朗的馬拉加天文台工作過。

庫布的天文表也很有名。

他是最早正確解釋彩虹現象的人。

什麼是彩虹？雨停後，太陽的對面出現如河流般的東西，

是太陽光線經水珠折射後產生的現象。

並不是仙女的梯子或神的使者到來。

空氣中的水珠

陽光

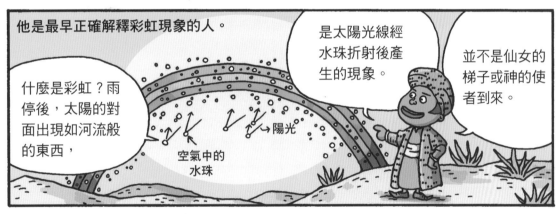

他累積了許多類似的地理知識。

這是什麼呀？

地理學者四處遊歷、進行調查時磨壞的鞋子。

9世紀初，天文學者阿爾亞斯‧圖爾拉菲已經創造了投影法。

這樣…

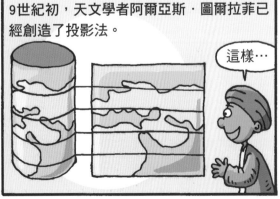

但留傳至今的伊斯蘭地圖還是相當少。

二簡單嗎？為什麼會這樣？

而且伊斯蘭地圖習慣把南方標在地圖上方。

這是韓國的地圖嗎？反了吧？

……

13世紀以後，指南針和天文觀測儀器應用於航海。

船的位置現在在哪兒？

他們開始製作航海圖。

暗礁遍布的海區！

鯊魚出沒區域！禁止游泳！

伊斯蘭航海術的文獻代表是伊本・馬吉德寫的書。

書名很長，叫《航海原則和規則實用信息手冊》。

航海圖中出現的緯度用「手指」單位來表示。

224手指是360度。

1手指是1.6度。

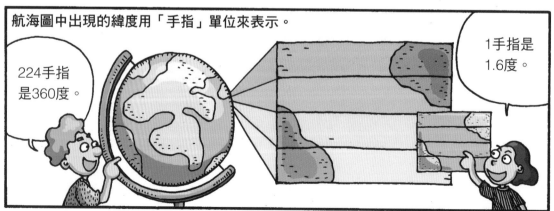

伊斯蘭
數學
代數的發展

大家好，我們先欣賞一下伊斯蘭的美好風光。伊斯蘭在數學方面具有獨特的魅力。

怎麼樣？是不是很賞心悅目？有時候的確需要遠眺一下。

伊斯蘭的數學成就與其他學科相比，具有與眾不同的獨創性。

它的發展幾乎沒有受到希臘的影響。現在，讓我們先記住穆斯林的實用性格，開始了解伊斯蘭數學。

伊斯蘭數學的特徵大致有三個。首先，它改良了印度數字，這一點我們在印度篇介紹過了。

第二點，發展了代數，並傳入歐洲。

$$x^2 = x \times x$$

第三點，引入了三角法。

哦！三角法是首次出現，我們先稍微說明一下。

三角法就是透過三角形的邊和角來研究各種圖形的學科。

嗯……就像這樣，還沒有感覺？

那麼，我們來仔細說明一下。三角形有三條邊和三個角。

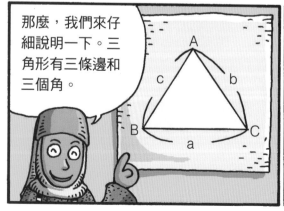

如果知道了三條邊的長度和一個角的大小。

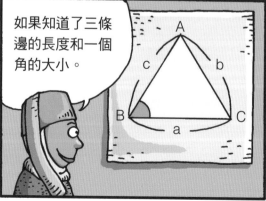

或者知道某一邊的長度和兩個角的大小……

或者知道兩條邊的長和其夾角的大小……

就可以知道其他結果。

就好像看到一個人的臉部，如果看很多次，誰都可以認出他來。

像這樣，求解三角形未知部分就可以用三角法。

咳咳！把三角法正式引入天文學中的人就是我。

巴塔尼
(西元858～929)

以前計算角的比例的時候，用的是希臘古老的方法。

我果斷的……咳咳……反對古老的方法，採用了「正弦」……

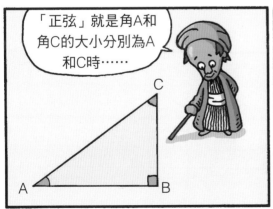

「正弦」就是角A和角C的大小分別為A和C時……

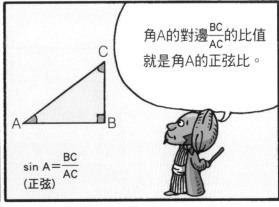

角A的對邊 $\frac{BC}{AC}$ 的比值就是角A的正弦比。

$$\sin A = \frac{BC}{AC}$$
（正弦）

正弦值是簡化複雜計算的方法。

如果不知道角A，只要知道邊的長度，就可以進行計算。反之亦然。

Sin A

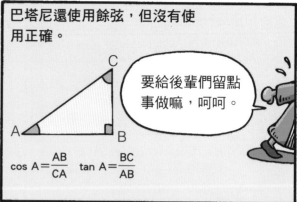

巴塔尼還使用餘弦，但沒有使用正確。

要給後輩們留點事做嘛，呵呵。

$$\cos A = \frac{AB}{CA} \quad \tan A = \frac{BC}{AB}$$

卡爾・阿爾迪恩利用高次方程式創造了代數。

再刷點漆……

卡爾・阿爾迪恩
(西元9世紀左右)

哦，這沒什麼，只要動手做就很容易學會。

他創造了平方根和無理數。

$a^2 = x$，
a就是x的平方根。

平方根就是指當某個數a的平方等於x時，a就是x的平方根。

嗯，同樣，5是25的平方根。

他拓展了實用數學的領域。

快跑！太可怕了。

啊！我對無理數過敏，哎呀！

真是的，要鎮靜，它們也沒什麼，不要害怕。

花剌子密是阿拉伯數字的普及者。

花剌子密
(西元780～850)

花剌子密在歐洲被稱為Algorithm。

英語中的演算法(algorithm)一詞就是源於他的名字，算法的意思就是「用阿拉伯數字進行計算」。

花剌子密的著作中，《代數學》(或《復原與化簡的科學》)是比較重要的一本。

在這本書中「復原」是「al-jabr」，

化簡是「l-Mugula」。

「al-jabr」後來成為表示代數的詞「algebra」。

在書中，他確立了計算方程式的現代方法。

不管如何計算，都要使用「復原」和「化簡」這兩種計算過程。

轉換成六種標準解法，就可以很容易求解。

在計算時，最礙事的是負數，對吧？

為了消除負數而採取移頂的方法就是「復原」。

$$x=20-9x$$

負數

$$x+9x=20$$

移頂後變成正數

$$10x=20$$

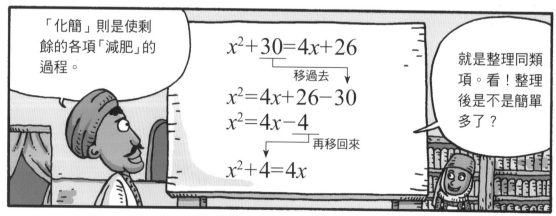

「化簡」則是使剩餘的各項「減肥」的過程。

$$x^2+30=4x+26$$

移過去

$$x^2=4x+26-30$$
$$x^2=4x-4$$

再移回來

$$x^2+4=4x$$

就是整理同類項。看！整理後是不是簡單多了？

可是，老師，當時不是還沒有使用文字符號嗎？

對。上面這些例子轉換成了現在的形式，因為這樣會讓你更容易明白。

這樣解釋起來多方便。我那時可是用句子來表達方程式的。

真是辛苦您了。

10世紀後，學者卡拉吉就是這樣定義代數的……

代數是什麼呢？

從已知的假定項出發，來求解未知的變數，這就是代數。

哇，真是很了不起的定義。

10世紀，人們越來越重視幾何學，製造了許多方便實用的儀器。

這是可以改變一邊長度的圓規。

阿爾・奎拉的發明真的很方便。

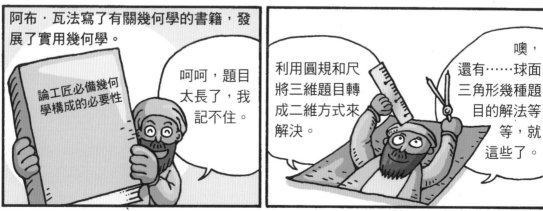

阿布・瓦法寫了有關幾何學的書籍，發展了實用幾何學。

論工匠必備幾何學構成的必要性

呵呵，題目太長了，我記不住。

利用圓規和尺將三維題目轉成二維方式來解決。

噢，還有……球面三角形幾種題目的解法等等，就這些了。

14世紀，阿爾·卡西重新計算了圓周率和正弦值。

我能計算到小數點後16位數字。

再多拿一些紙來。

阿爾·卡西
(西元14世紀左右)

雖然很浪費紙張，但幸好是阿拉伯數字，還可以進行計算，如果換成羅馬數字，恐怕連算都不可能運算。

阿爾·卡西研究了小數點的處理方法。

對呀，如果計算過程中出現錯誤，又要浪費很多紙張了。

從環保觀點來說，也應該明確小數點的處理方式，再進行計算。

15世紀以後，伊斯蘭科學開始衰退，數學也隨之衰退。

由於伊斯蘭科學主要是在當權者支持下發展的，

14世紀以後，由於政治混亂，科學發展命脈也因此斷絕。

但是，穆斯林取得的成就在數學的各個領域都非常引人注目。

「印度—阿拉伯」數字超越了國境和時代，成為人類偉大的發明之一。

伊斯蘭天文學

密不可分的占星術與天文學

任何國家與文明裡，天文學都是最先發展的領域。

> 預先知道朝拜時間和齋戒月★日期是非常必要的！

★伊斯蘭齋戒月是伊斯蘭曆第九個月，該月名字意為「禁月」，是穆斯林封齋的一個月。

深受希臘影響的伊斯蘭學術也十分推崇天文學。

> 希臘人不是很重視天文學嗎？

> 當然重要了，可以預知國家的盛衰興亡……

> 汪汪！你是不是把天文學和占星術弄混了？

9世紀初，學者在智慧宮翻譯了托勒密的天文學書籍。

> 有沒有托勒密的《天文學大成》？

> 有，想買哪個版本？翻譯書、注解書、解釋書籍、批評書、駁論書，應有盡有。

> 這可是暢銷書……

他們還翻譯了印度和波斯的天文表，並進行比較。

> 這部分好像印度的天文表更準確，對吧？

> 不管怎麼說，這些都是過去的說法，裡面也有一些錯誤。

與智慧宮同時建成的天文台立即開始使用。

> 馬上！立刻！要抓緊！認真精確的觀測。這樣我才……

哈里發馬蒙想以這些觀測為基礎，創建自己的天文表。

> 我想看到以自己名字命名的天文表。

> 臉紅了

> 胡鬧，像個孩子……

伊斯蘭初期的天文學發展，著重於精確的觀測天體。

嘿，終於完成了，就叫「馬蒙天文表」！

有那麼好嗎？

雖然有豐富的觀測資料，但尚不成體系。

可是並沒有什麼理論基礎呀？

這個嘛，只顧著看那些錯誤的觀測資料了，所以…還是先改正這些錯誤再說…

花剌子密也曾參與製作馬蒙天文表。

說起這個時代，我是不可少的人物。

他還寫了有關天體觀測儀器「星盤」的書。

相傳星盤是喜帕恰斯或阿波羅尼斯發明的。

穆斯林也在很早以前就發明並使用了這種天文儀器。

這個可以說是幾何計算機。測量天體、確認刻度以後，

旋轉圓盤就可以知道天體升落的時間、方位和高度。

內圓盤刻有預存的計算結果，旋轉之後可以知道其他天文現象。

當時，星盤得到了廣泛應用，17世紀以後，還用於航海。

塔比・伊本・庫拉是數學和天文方面的翻譯家。

我在第148和162頁出現過！

塔比・伊本・庫拉
(西元836～901)

呀，真不明白我為什麼會對這麼多領域感興趣。

他還動手研究天文學。

這好像有點不對。還不如自己研究一下，再寫本書。

天文學大成

啊，真不明白我為什麼這麼聰明，還這麼豪爽。

他以星星為背影研究月亮的運行。

還研究了地軸進動現象。

地軸進動是指地球自轉時，地軸稍微擺動的現象。

就像陀螺旋轉時，會稍微左右擺動。

黃道

正是由於這種擺動，太陽的運行軌道「黃道」看起來好像有一些偏移。啊，我為什麼會這樣善於說明解釋……

法干尼進一步補充了花剌子密有關星盤的書。

在星盤的數學原理部分補充了更多的理論。

法干尼
(西元9世紀左右)

他為《天文學大成》加上注釋，使普羅大眾更容易理解和接受。

簡單吧？

嗯，更有意思了！

西元9世紀，著名學者首推巴塔尼。

我在第179頁出現過喔！

巴塔尼
(西元858～929)

他是信奉占星神學的宗教信徒。

星星我主，今天好嗎……

從感情上與星星更加親近，不對嗎？

他改進了許多天文儀器。

嘿嘿，按理說，想要正確觀測，儀器應當準確才行。

造出了和天體一樣的儀器。

他以觀測準確出名。

因為我深知理論是不完善的。

準確的觀測才能反駁錯誤的理論。

他還發展了現代三角函數的概念和符號。

啊，這個有用嗎？

嘿，想要使用就得動手。

他將球面三角形的原理運用到天文學中。

將天體球面上星星的位置移到平面上。

他又將幾何學運用到實際當中。

把幾何學運用到測量、代數、物理學的研究當中不是很有用嗎？

你也過來試一下，好嗎？

伊本·海賽姆反對托勒密周轉圓理論。

我在第162頁出現過。

周轉圓是無視行星運行本質的理論！

伊本·海賽姆
(西元965？～1039)

儘管他的批評很正確，

不僅如此，關於月亮的理論也是不對的。

托勒密認為天體運動是規則的圓運動，這顯然是錯誤的。

而實際上，真正推翻托勒密理論，則是在西元17世紀。

而且也不是我們穆斯林推翻的，而是歐洲人自己做到的。如果早一點相信我的話……

這時，對行星運動感興趣的伊斯蘭天文學家蘇菲產生了新視角。

為什麼對星星漠不關心！星星的形狀真的是半個！

蘇菲
（西元903～986）

他修正了托勒密的星座表。

加上我觀測到的星星……

不僅記錄下星星的位置、大小，還有顏色。

並不是只有光的位置才重要。

他為每顆星都畫了兩幅圖。

從天體內看到的樣子，

從天體外看到的樣子。所有的一切都應該從不同面向來觀察。

只有這樣，才能看到星星的橫切面。

他還製作了觀測儀器。

製造觀測儀器和寫有關星盤的書是這個時代天文學家的基本功。

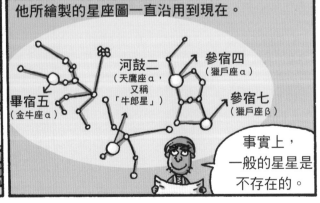

他所繪製的星座圖一直沿用到現在。

畢宿五
（金牛座α）

河鼓二
（天鷹座α，又稱「牛郎星」）

參宿四
（獵戶座α）

參宿七
（獵戶座β）

事實上，一般的星星是不存在的。

比魯尼是百科全書的作者，他同時具備了批判和寬容的精神。

比魯尼
(西元973～1048)

請稍等一下，該給你哪一張名片呢？

天文學家

地理學家

旅遊家

哲學家

數學家

我在第173頁出現過。

一個關於他的軼聞，正好說明了他的性格氣質。

我是篤實的伊斯蘭信徒，一直虔誠的祈禱，還做了個工具來確定祈禱的時間。

但是，保守的信徒卻告發了我。

比魯尼竟敢使用拜占庭異教徒的月曆來做工具！

他是個異端份子！

啊……

我能做什麼呢？和他們一樣大聲爭吵，這不是我的習慣。

所以，我只是平靜的說了一句話而已。

拜占庭的人不也吃飯嗎？那麼，你們是不是也不應該吃飯呀？

什麼？不吃飯？

壞了

他寫了一本《馬蘇迪之典》，說明了宇宙中四元素的分布。

火

空氣

水

地球 土

水

空氣

火

重的東西在下面，這和希臘學者想法相同。

同時，他也似乎想到了地動學說。

這個理論看起來也可以，但不能確定。

191

比魯尼還利用日蝕來測量海拔。

把知道的知識都用上。

地理學中也使用天文觀測儀器。

他利用天文觀測儀測量子午線的長度，以計算地球圓周。

測量地球圓周時使用星盤。具體內容可以看看第173頁。

10世紀最後一位伊斯蘭天文學者是伊本·尤努斯。

伊本·尤努斯
(西元？～1009)

他用巨大的天文觀測儀進行觀測，並以此為基礎。

直徑為1.4公尺，幾乎是一個孩子的身高。

這個天體儀很大，就算是騎馬也可以從中間穿過，有意思吧？

他製作了「阿爾哈金天文表」。

我的天文表是出了名的大，也是前所未有的。

比巴塔尼天文表還要大，是其他天文表的兩倍。

為什麼會這樣？因為我對所有天文現象都非常感興趣，還增加了數學解釋。

他的天文表內標示了一萬多個太陽的位置。

這是為了確定祈禱的時間。先知穆罕默德曾說，要依據太陽的起落來確定祈禱的時間。

第一次祈禱要在日落和午夜之間。對，就是這樣。

但是確定時間比祈禱還要複雜。現在，我把這個問題解決了。

正確計算出太陽一年的運動時間，標出太陽在每一天每一小時內的四個位置。

8月24日1點45分的太陽位置，哦，就是這樣。

6:10 11:30 2:45 5:55

由於伊本·尤努斯製作的天文表特別精確，所以一直使用到19世紀。

要長壽！

數學家歐瑪爾·海亞姆具有自由思想。

我在第184頁出現過喔！

歐瑪爾·海亞姆
(西元1040?～1123)

由於海揚信仰伊斯蘭教神祕主義，反對當時伊斯蘭教當權派的奢侈腐化、倡導神祕主義修行、尋找更為純粹的伊斯蘭教信仰。伊斯蘭曾有的優秀品質好像越來越少。

嘀嘀咕咕……

他是伊斯法罕天文台台長。

數學和天文學是密不可分的，所以在天文台有許多數學家。

他完成了馬利克沙天文表。

但是，留下來的資料卻沒多少。

只留下標明星星位置的地圖，和有關100顆最亮星星的資料。

納西爾丁·圖西寫了天文學理論方面的書。

納西爾丁·圖西
(西元1201～1274)

天文筆記

加以整理《天文學大成》，

量太多了！先減掉水分。

還加上許多學者的評論。

看，塔比·伊本·庫拉也曾批評過托勒密。把這段加上！

還有伊本·海賽姆，把他的評論也黏上去。

他認為地球是宇宙的中心，試圖利用大圓模型來解釋天體運動。

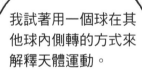

由於托勒密採用了離心圓理論，所以他的理論偏離了宇宙中心。

我試著用一個球在其他球內側轉的方式來解釋天體運動。

大圓模型是用來解釋行星運動的，結果他沒能完成。

圓太多了，該去掉幾個呢？

雖然他成功證明托勒密的不足，卻沒提出明確的解決方案。

不管怎樣都不太滿意。

你的改進方案太複雜！

伊本·路西德出生於12世紀，是個出色的醫生。

我在第154頁出現過！

伊本·路西德
(西元1126～1198)

他是宗教領袖，是一個重道理、講邏輯的人。

在極端的教義之下，仍堅持中庸，並保持理性。

他是自由科學家，發揮了自己的潛質。

他特別推崇亞里斯多德。

雖說我不懂希臘語，看的是譯成阿拉伯語的版本，但我卻比任何人更能理解亞里斯多德。

他閱讀了亞里斯多德的著作，還寫了三本闡釋書籍。

共有三本，要根據自己的程度來選擇。呵呵，千萬不要太貪心。

初級　中級　高級

這三本書應該說是以亞里斯多德著作為基礎，寫出的新書會更貼切。

發展了亞里斯多德的形上學理論。人們可以想像抽象的事物。

人們可以接受抽象化的形態。

還糾正了伊本·西那注解中的錯誤。

他的著作在中世紀歐洲產生了很大的影響。

中世紀，人們經常提起我的拉丁名字阿維羅伊，意思就是說要注重理性和哲學，這遠比信仰和啟示更重要。

中世紀的羅傑·培根就曾因為追隨我的學說被抓進監獄。

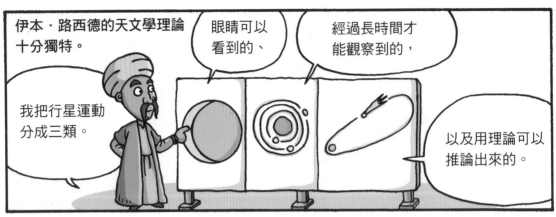

伊本·路西德的天文學理論十分獨特。

我把行星運動分成三類。

眼睛可以看到的、

經過長時間才能觀察到的，

以及用理論可以推論出來的。

他試圖研究未知領域的天文學。

我要注意第三類行星。

他拒絕托勒密的周轉圓學說。

所有的天體運動應該是有規則的。

物理學最希望證實這一點。

後來，他又接受了同心圓理論。

在亞里斯多德時代，共使用了55個同心圓來解釋天體運動。

我們這個時代的天文學家把同心圓減到了50個。

但我只需用47個同心圓就可以解釋天體的所有運動。

他推崇亞里斯多德，但卻不盲從。

這不是違背了亞里斯多德的理論嗎？

當然了！我不會屈於權威，只會接受最合理的意見。

比特魯基也是亞里斯多德的追隨者。

托勒密？他的理論只不過是數學構想而已。

比特魯基
（西元1190年左右）

他反對托勒密的理論。

為什麼呢？因為它與亞里斯多德的物理學相矛盾。

與物理學相矛盾的東西怎麼可能存在？

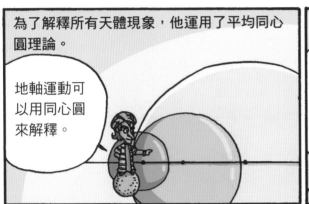

為了解釋所有天體現象，他運用了平均同心圓理論。

地軸運動可以用同心圓來解釋。

有時他也會得出奇怪的結論。

解釋不通啊，這顆星該不會是螺旋式運動的吧？

但是他的理論受到了亞里斯多德支持者的歡迎。

只要是為了亞里斯多德，就算把托勒密壓扁也……

他也被中世紀的歐洲思想家多次討論到。

阿爾菲特拉基烏斯～

在歐洲，我的拉丁名字是阿爾菲特拉基烏斯。

復興伊斯蘭天文學的兩位學者出場了。

姓名：穆罕默德·塔拉蓋
職業：帖木兒王朝國王
別名：兀魯伯

穆罕默德·塔拉蓋
（西元1393～1449）

姓名：阿爾·卡西
職業：兀魯伯天文台台長、數學家

阿爾·卡西
（西元14世紀左右）

兀魯伯是「了不起的王子」的意思。

看到國王陛下沒有？

沒有！

他關心科學勝過政治。

我並不適合政治。

還真是了不起的王子。又跑到哪裡去了？國家也不管了。

他建造了世界上最大的天文台有三層樓高。

開鑿岩石建成這個天文台，上面放有先進的半徑40公尺的六分儀★。

哎喲，一想起每天都要上下這些樓梯，腿就開始發軟。

為什麼蓋這麼大？因為我是大富翁……哦，不是這樣的啦。

因為大的天文台可以減少誤差。

這個六分儀，一度的最大寬度可以超過70公分，一般是不會出錯的。

←70cm→

哎喲，用這麼大的六分儀來觀測，脖子一定很痠痛。

★精確測量兩點間角度的光學儀器。

以兀魯伯天文台觀察結果為基礎，製成了天文表。

偷懶我都會知道。快把那個睡覺的傢伙給我叫起來！

觀測 觀測 再觀測

唉，國王也是個出色學者，連偷懶也不行。

他對天文數表的研究相當出色。

那當然了！阿爾·卡西能推算到小數點後面16位，這個數表就是他做的……

他對行星運動的研究卻很普通。

因為有些是抄自蘇菲的天文表，所以才會這樣。

兀魯伯和阿爾·卡西死後，伊斯蘭天文學發展命脈從此斷絕，也未能復興。

5年後，阿爾·卡西台長也死了。

國王被暗殺了，過去觀測時打瞌睡的那段時光多好啊！

另一方面，學者研究占星術和天文學並沒有區別。

如果沒有占星術，會有損王宮的體面。

只要國王願意，天文學者就算自己不相信占星術，也得擔起這個責任。

我也是這樣。

其中，也有真的相信占星術，並進行研究的人。

前面提過的伊本‧尤努斯就研究了占星術。

事實上，我還算準了自己哪天會死，名聲也因此遠揚。

我會占卜，所以國王很喜歡我……

有時，哲學家和科學家為了生計，也要兼修占星術。

那時候沒有大學，學者想要生存就要依靠占星術。

當醫生也要學占星術。

不僅如此，占星術還被看成是天體觀測應用科學，而不是迷信。

我們仔細的觀測天體運行、對此進行研究，然後做出預言。

特別是預言有關國王和富豪顯貴的命運。

想要繼續研究學問，就離不開國王和富豪顯貴的支持，所以他們的命運對我們很重要。

阿爾布馬薩是伊斯蘭占星術的代表人物。

阿爾布馬薩
(西元？～886)

他出生於古都巴爾赫，生活在巴格達。

巴爾赫是處於希臘文化圈的古代城市，是由中國人、印度人、希臘人、斯基泰人★、敘利亞人和波斯人等許多人種混居形成的古城。

宗教也是各式各樣，我從小就接觸到了各種學問。

★西元前6世紀到前3世紀，在黑海東北地區草原活動的早期騎牧民族。

他認為世界是由九個天界構成的。

神的光芒普照的第九天界。

我們生活的月河天界。

事實上，我很喜歡亞里斯多德，這是從他那兒摘抄來的。

他認為所有的知識都是神賜予的。

因此，科學家是解釋神的啟示的人。

看那些星星，看神的啟示。

咕嚕咕嚕

餐廳

月河天界、精靈天界和神的天界，這三個天界相互影響、相互作用。

這樣就把占星術變成了真正的科學！

從生前到死後，他都很有名。

我能賺很多錢，這也是神早就算到的。

穆斯林將他視為占星的先祖。

另外，他們有時也使用從古代東方傳來的黃道十二宮占星術。

水、北方、濕冷

火、東方、乾熱

氣、西方、濕熱

土、南方、乾冷

這是把希臘的四元素、四性質、四季節和四方向按照人的不同性格和特徵劃分到星座上。

嘿嘿，我是射手座，有火一樣的性格。

看完了希臘羅馬、印度以及伊斯蘭科學，讓我們往前邁進，一起探索【漫畫STEAM科學史3】看看更多科學家的有趣故事吧！

哪一個科學家讓你印象深刻呢？哪一個科學大發現讓你覺得驚嘆？
寫下你覺得最有趣的一段科學故事，一起探索神奇的科學領域吧！

_____

_____

_____

_____

_____

_____

_____

_____

_____

_____